致加西亚的信

（美）哈伯德◎著
张艳玲◎编译

民主与建设出版社

图书在版编目（CIP）数据

致加西亚的信 /（美）哈伯德著；张艳玲编译．—北京：民主与建设出版社，2017.8

ISBN 978-7-5139-1652-3

Ⅰ．①致… Ⅱ．①哈… ②张… Ⅲ．①职业道德－通俗读物 Ⅳ．① B822.9-49

中国版本图书馆 CIP 数据核字（2017）第 173072 号

致加西亚的信
ZHI JIAXIYA DEXIN

出 版 人：许久文
著　　者：（美）哈伯德
责任编辑：王　颂
出版发行：民主与建设出版社有限责任公司
地　　址：北京市海淀区西三环中路 10 号望海楼 E 座 7 层
电　　话：010-59419778　59417747
印　　刷：三河市天润建兴印务有限公司
开　　本：710mm × 1000mm　1/16
字　　数：130 千字
印　　张：15
版　　次：2017 年 10 月第 1 版　2017 年 10 月第 1 次印刷
标准书号：ISBN 978-7-5139-1652-3
定　　价：36.80 元

注：如有印、装质量问题，请与出版社联系。

前 言

PREFACE

当整个世界在谈论着“发展”、“创新”等时髦的概念时，很多有价值的东西也被带走了，包括那些经济起飞时所依赖的基本的商业精神——忠诚、勤奋、敬业、自信，正是这些问题无时无刻不在困扰着企业的老板和公司的管理者们。现实生活中，许多年轻人喜欢频繁的跳槽，善于投机取巧，老板一转身就懈怠下来，没有监督就没有工作，对待工作推诿塞责，划地自封，不思自省，还以种种借口来遮掩自己，缺乏责任心。懒散、消极、怀疑、抱怨……各种不良风气在机关、企业单位、学校四处蔓延。

现代商业文明的行为和美德，如何看待自己，对待工作，如何处理老板与自己的关系，都是我们每一位员工应该思考的问题。《把信送给加西亚》给予我们这样的启示：对待工作，要永远保持勤奋的工作态度；对待公司，要将敬业变成习惯；对待老板，要予以忠诚；对待自己，要有自信。

管理学中有一个著名的“二八定理”，说的是在一个集体里，通常有80%的成绩是由20%的人做出的。

前　言

PREFACE

为什么呢？就因为这20%的人具有那80%的人所缺少的主动性。一件事情做完了，在上级没有要求时，可以不用做总结，但有的人会主动做总结。总结的结果是他掌握了做事情的规律，以后的事他会做得更好，效率更高。一件事上级没有明确交给谁干时，有的人会主动接过来。这样，干得多的人可以触类旁通，他的能力自然会比缺少主动性的人提高得快，也容易出成绩。相应的，老板也会视其为公司的支柱，委以重任，他就能获得更广阔的发展平台。

也许我们每个人都想成为“送信”的罗文，那就从罗文的身上汲取必备的养料吧。发扬罗文精神，培养自己忠诚守信、主动工作、勤于思考、爱岗敬业的精神，不断学习、提高和锻炼自己的能力，当需要“把信送给加西亚”的时候，由于你的忠诚守信才能赢得别人的信任，由于你具备能力才不用问“为什么？”而能主动开动脑筋，主动工作，创造性地完成工作任务。

你是罗文吗？你能接受命令而且把信送给加西亚吗？

目　录

CONTENTS

第一章

致加西亚的信

001　它不是年轻人从书本上所学来的，也不是各级各类教育机构拟订的政策，而是让我们的意志变得更加坚强、信念更加坚定、行动更加迅捷、精力更加集中的精神。那就是——“把信送给加西亚”。

第二章

我是如何把信送给加西亚的

009

接受命令 / 010

勇闯牙买加 / 014

海上惊魂 / 020

丛林枪声 / 027

加西亚将军 / 033

不要问为什么，而是服从命令 / 040

第三章
卓越就是比别人想得更多，做得更多

045 我不会轻言放弃，放弃不是我的选择。

我一定会完成摆在自己面前的任务。在我生活的每一个领域，我都要求尽善尽美。

即使跌倒了，我也要重新爬起来。我会抖落尘土，给自己一些压力，直到取得成功！

第四章
它说明了一切

057 对一个管理者来说，《致加西亚的信》能够给自己的员

工传达一些重要的启示。

——威廉姆·亚德利

第五章
我们应该向罗文学习什么——勤奋

061
要想收获，必先付出 / 062
付出比回报更重要 / 068
与其抱怨薪水太低，不如好好干 / 073
不要学那头耍诈的驴子 / 078
专注于我们的工作 / 081
“勤奋”打破僵局 / 087
勤奋工作是高尚的 / 093

讲效率，不做“老黄牛” / 098
不放过任何成功的机会 / 102
你的工作是高贵的 / 105
坚定的意志有助于成功 / 109

第六章

我们应该向罗文学习什么——敬业

113
发现自己的专长 / 114
欣赏自己的工作业绩 / 119
以积极的心态工作 / 123
热情地工作 / 126
专注于一件事上 / 129
自行解决问题 / 135
让你的上司赏识你 / 139
学会尊重 / 145
频繁地换工作并不是好现象 / 149
为人造福的人就在伟大的仆人中 / 155

第七章

我们应该向罗文学习什么——忠诚

161
忠诚胜于能力 / 162
要做就要做到最好 / 164
用正确的价值观鼓舞自己 / 168
牢骚满腹说明问题出在你身上 / 172

第八章

我们应该向罗文学习什么——自信

175

工作与行动可以消除恐惧 / 176

在工作中寻找乐趣 / 183

不要为打翻的牛奶哭泣 / 190

自信是生活和工作的最佳处方 / 194

保持你工作中的爱心 / 197

没有自信就没有成功 / 200

第九章

我们应该向罗文学习什么——责任

205

把自己的工作看得很重要 / 206

专心致志地做好自己该做的事 / 210

不要忽视每一件小事 / 212

尽职尽责的人会更受尊重 / 215

没有任何借口 / 218

打破一切常规 / 222

附：阿尔伯特·哈伯德的商业信条 227

附：本书中心人物简介附：本书中心人物简介 228

加西亚 229

安德鲁·萨姆斯·罗文 230

原作序言

阿尔伯特·哈伯德

《致加西亚的信》这本小册子是在一天晚饭后写成的，仅仅用了一个小时。那天正好是 1899 年 2 月 22 日——华盛顿的诞辰日——我们正在准备出版 3 月份的《菲士利人》杂志。

我心潮澎湃，在劳神费力的一天结束后，写下了这本小册子。当时我正努力地教育那些行为不良的市民提高觉悟，重新振作起来，不要再浑浑噩噩，无所事事。

文章的灵感来自于我与家人一起喝茶时一次小小的争论。我的儿子认为，古巴战争真正的英雄是罗文，是他孤身一人完成了一件事——把信送给加西亚。

我马上意识到儿子是正确的！是的，真正的英雄就是那个完成了自己的工作——那个把信送给加西亚的人。

我立即离开餐桌，一口气写完了《致加西亚的信》这篇文章。想都没想，我就把这篇连标题都没有的文章登在了《菲士利人》杂志上。这版很快就销售完了，并且要求加印这版杂志的订单越来越多。一打、50 份、100 份……当美国新闻公司向我订购一千份的时候，我问我的一个助手是哪篇文章搅动了宇宙的尘埃，他回答说："就是关于加西亚的那篇文章。"

第二天，纽约中心铁路局的乔治·丹尼尔竟然也发来了一份电报："订购十万份以小册子形式印刷的关于罗文的文章，请报价，封底是帝国快递广告——

用船装运，尽快送到。”

我给了他报价，并且确定我们能够在两年时间内提供那些小册子。

当时，我们的印刷设备十分简陋，十万册书看起来是一项十分艰巨的任务。

结果是，我应允丹尼尔先生按照他的方式来重印那篇文章。后来，丹尼尔先生居然销售和发行了近50万本这样的小册子，其中的百分之二三十都是由他直接发行的。除此之外，这篇文章还在两百多家杂志和报纸中转载刊登。现在，这本书已被翻译成了各种各样的文字。

在丹尼尔先生发行《致加西亚的信》的时候，俄罗斯铁道大臣西拉克夫亲王恰巧也在美国。他受纽约政府之邀来访，丹尼尔先生亲自陪同他参观纽约。亲王看到这本册子并对它产生了浓厚的兴趣。其中最重要的原因也许就在于是丹尼尔先生大量发行这本书。回国后的亲王，让人把此书译成了俄文，俄罗斯铁路工人人手一份。

然后，其他国家纷纷翻译引进，从俄罗斯到德国、法国、西班牙、土耳其、印度和中国。

日俄战争期间，每一位上前线的俄罗斯士兵手里都有一册《致加西亚的信》。日本人在俄罗斯士兵的遗物中发现了这些小册子。他们断定这一定是一件非常有价值的东西，于是，这篇文章又有了日文版。日本天皇下了一道命令：每一位日本政府官员、士兵甚至平民都要人手一册《致加西亚的信》。

迄今，《致加西亚的信》的印数已超过4000万册。可以说，在一个作家的有生之年，在所有的文学生涯中，没有人可以获得如此成就，也没有一本书的销量可以达到这个数字。整个历史就是一系列的偶然事件构成的。

阿尔伯特·哈伯德

1913年12月1日第一章

第一章
致加西亚的信

它不是年轻人从书本上所学来的，也不是各级各类教育机构拟订的政策，而是让我们的意志变得更加坚强、信念更加坚定、行动更加迅捷、精力更加集中的精神。那就是——“把信送给加西亚”。

大约晚饭后一个小时，阿尔伯特·哈伯德写下了他的经典文章《致加西亚的信》。

吃饭时，哈伯德与他的家人一起讨论美西战争。他的儿子波特认为美西战争中真正的英雄是冒着死亡的危险为古巴抵抗西班牙统治的加西亚将军送信的罗文中尉。

最初，这篇文章发表在哈伯德自己的1899年2月的《菲士利人》杂志上。

在这篇文章的鼓舞下，纽约中央铁路局的乔治·丹尼尔要求转载加印50万册这篇文章。

俄罗斯铁路大臣西拉科夫亲王在读了丹尼尔重印的文章后，又将这篇文章译成俄文，让他的铁道部的员工人手一份。

接着，俄罗斯军队也引进了这篇文章，每一位赴日作战的俄罗斯士兵手里都有一份《致加西亚的信》。

日本兵在俄罗斯战俘的身上发现了这个小册子，又把它又翻译成了日文，日本天皇下令，日本每一位政府官员都要人手一份《致加西亚的信》。

到现在为止，《致加西亚的信》大约已出版发行了超过4000万册。

在所有关于古巴的事件中，有一个人就像近日点的火星一样，让人难以忘记。

当美国和西班牙之间的战争爆发时，美国必须马上同西班牙的对立势力领袖加西亚将军取得联系。加西亚就住在古巴丛林的某个地方。但很少有人知道他的确切地点，也没有任何邮件或电报可以联系到他。

美国总统麦金莱必须尽快得到加西亚的合作，怎么办?

有人报告总统说：“如果有人能做到的话，有一个名叫罗文的人，他能帮您把信送给加西亚。”

就这样，罗文带着总统致加西亚将军的信出发了。

关于这个名叫“罗文”的人怎样拿到信，如何用油纸袋将它密封好、放在胸前，乘着敞篷船航行四天后趁着夜幕在古巴海岸登陆，然后消失在丛林

中，三周后来到古巴的另一端，接着步行穿过西班牙军队控制的领土，最终将信交给加西亚的全过程——这些细节都不是我想说的。

我想说的是：当威廉·麦金莱总统让罗文把信交给加西亚的时候，罗文接过信，连一声“他在哪儿”都没问，便出发了。

像罗文这样的人，他的形象应该被雕塑成永垂不朽的铜像，矗立在每一所大学的门前——它不是年轻人从书本上所学来的，也不是各级各类教育机构拟订的政策，而是让我们的意志变得更加坚强、信念更加坚定、行动更加迅捷、精力更加集中的精神。那就是——“把信送给加西亚”。

加西亚将军已不在人间，但现在还有其他的加西亚们。

没有人能经营好这样的企业——在企业最需要帮助的时候没有人站出来。只有那些一般人在旁惊呼他的愚蠢——他们要么没有能力，要么不能或不愿专注于这件事并做好它。他们落井下石，愚蠢粗心，懒散漠不关心，不认真对待工作。

懒懒散散、漠不关心、马马虎虎的做事态度，似乎已经变成一种常态。没有人能够成功，除非苦口婆心、威逼利诱地叫属下帮忙，或者，除非上帝大发慈悲创造奇迹出现，派一位天使来帮助他。

你，一个领导者，要是不信的话，就来做个试验：

你此刻坐在办公室里——周围有6名职员。

这时你把其中一名叫来，对他说：“请帮我查一查百科全书，把科雷乔的生平做成一篇摘录。”他会静静地说：“好的，先生。”然后去执行任务吗？

我保证他绝对不会，他会用死鱼般的眼睛盯着你，然后满脸疑惑地提出下述一个或数个问题：

他是谁呀？

哪套百科全书？

百科全书放在哪儿？

这是我的工作吗？

干吗不叫查理去做呢？

他还在世吗？

急不急？

用不用我把百科全书拿来您自己查呢？

你知道他有什么用吗？

我敢用十倍的赌注和你打赌，你回答了他提出的问题，解释清楚如何去查那个人的资料，以及你要求查这个资料的目的之后，那个职员会离开，去要求另一个职员替他查——过一阵子，他会回来对你说："根本就查不到你说的那个人的生平资料。"

当然，我也可能会赌输，但根据概率，我绝不会输。

现在，如果你是聪明人，就不必费心地对你的"助手"解释：科雷乔的生平应该在"C"字母的索引中查找，而不是在"K"的索引中。你应该微笑而甜蜜地说："没关系。"然后，你自己亲自去查。

这种自主行动的无能，这种道德上的愚蠢，这种姑息原谅的作风——将会把整个社会带到崩溃的边缘。

如果一个人连为自己做事都不能主动，你又怎么能够期望他为别人主动做事呢?

如果你刊登一条招聘速记员的广告，前来应征的人十有八九是既不会拼写也不会使用标点符号的，因为他们根本就不认为这些是速记员必备的条件。

这样的人能把信带给加西亚吗?

“你看那个员工。”一家大工厂的主管对我说。

“我看到了，他怎么了？”

“是的，他是个很好的会计，不过，如果我让他去城里办件小事，他可能会完成任务，但他很可能在途中走进酒吧，而到了市区，他还可能完全忘记了他自己是来干什么的。”

这样的人，你能相信他会把信带给加西亚吗?

最近，我们听到了许多人对“在血汗工厂中被蹂躏的工人”和“无家可归的寻找工作的人们”表示同情，并且把那些身居高位的人骂得体无完肤。

但是，关于那个雇主尽其一生的努力都不能让那些懒散的饭桶做有意义的事情，却没有人说一句话。也没有人提及他长期耐心地努力去感动那些只要他一转身就会投机取巧、游手好闲的员工。

每个商店和工厂都有一个常规性的整顿工作，雇主会定期对员工进行考核，并解雇那些碌碌无为的人，接纳一些有为的新人。

不管时代怎么变化，这个规律将保持不变：当工作艰苦、人员短缺的时候，雇主对员工的工作总是很满意。但随着公司规模扩大，将出现人浮于事的现象。这时，只有最出色的人才能留存下来。

个人利益将激发每个员工尽力做得最好——这些人才能完成把信送给加西亚的使命。

我认识一个非常聪明的人，他自己没有独立经营企业的能力，并且对别人来说也没有一丝一毫的价值，因为他老是怀疑他的雇主在压榨他，或存心压迫他。他无法下命令，也不敢接受命令。如果你让他带封信给加西亚，他极可能回答："你自己去吧！"

今晚，这个人还会穿着破旧的衣衫，顶着凛冽的寒风走在街上，四处寻找工作。没有一个认识他的人愿意雇佣他，因为他是一个仇视一切的反叛分子。

当然，像这种道德残缺的人，并不会比一个四肢不健全的人更值得同情，但是，我们也应该同情那些用毕生精力去经营一个大企业的人，他们不会因为下班的铃声而放下工作，他们因为努力去使那些漠不关心、偷懒被动、没有良心的员工不太离谱而日增白发。而那些员工却从来不愿想一想，如果没有雇主们付出这份努力和心血，他们将挨饿和无家可归。

我是否说得过于严重了？可能如此。但是，就算整个世界变成贫民窟，我也要为成功者说几句同情的话——他们承受巨大的压力，导引众人的力量，终于获得了成功，但他从成功中得到了什么呢？除了食物和衣服，其他什么也没有。

我也曾为了生活为别人工作过，也曾当过雇员的老板，我深知这其中的苦辣滋味。

一个人贫穷并没有什么优越之处，更不值得赞美，衣衫褴褛也不值得骄傲；但并非所有的老板都是采取高压手段压榨员工的。

我敬佩的是那些不论“老板”在还是不在都会坚持工作的人。当你交给他一封致加西亚的信时，他会立刻接受，并不会问任何愚蠢的问题，更不会随手把信扔进水坑，而是全力以赴地把信送到。这样的人永远不会被解雇，也永远不会为提高工资而罢工。

文明，就是为了焦心地寻找这种人才的一段长远过程。这种人不论想要任何事物，他最终都会得到。

他在每个城市、乡镇、村庄——在每个办公室、商店、工厂，都会受到欢迎。世界上非常需要这种人——能把信送给加西亚的人。

——阿尔伯特·哈伯德

1899 年

第二章

我是如何把信送给加西亚的

“不管我们是多么伟大或是多么渺小，我们都要努力做好自己的工作，让我们的努力使我们的国家更美好，使我们的生活更幸福。”

接受命令

“哪儿？我在哪儿能找到一个可以帮我把信送给加西亚的人呢？”麦金莱总统问负责军事情报的阿瑟·瓦格纳上校。

上校立刻回答说：“华盛顿有一位年轻军官，名叫罗文，中尉军衔，这个人可以帮您送信！”

“派他去！”总统命令道。

那时候，美国与西班牙已处于战争的边缘，总统急需相关情报。因为他很明白，取胜的关键在于同古巴的起义军协同作战，这就必须了解：在古巴岛上，西班牙的兵力有多少，他们的战斗力、士气如何，当然，还有他们的指挥官的性格。另外，一年四季古巴的路况，西班牙军、起义军甚至整个国家的医疗状况，双方的装备以及在美军动员集结期间古巴起义部队要想拖住敌人想要些什么援助。另外，他还想了解这个国家的地形以及其他很多重要的情报。总统下令“派他去”，正如手下人推荐他去给加西亚送信一样快速而果断。

大约一小时之后，正是正午时刻，瓦格纳上校通知我，让我在中午1点钟去陆海军俱乐部跟他一起共进午餐。就在我们吃饭的时候，顺便说一句，上校是出了名的爱开玩笑的人，他问我："下一班船什么时候开往牙买加？"

我在想他又在和我开什么玩笑，也就没把他的问话当真。我让他等我一会儿，我出去打听一下。回来之后，我告诉他，一艘名为"艾迪罗德克"的英国轮船明天中午将从纽约起航。

"你能赶得上这班船吗？"上校显得很严肃。

我一直认为上校在开玩笑，但我仍然十分肯定的回答他："是的！""那就准备出发吧！"上校说。

"年轻人，"上校接着说，"总统已经决定派你去完成一项神圣的使命——送一封信给加西亚将军。他可能在古巴东部的某个地方。你必须把我们需要的信息及时安全的带回来。这封信有我们想了解的一系列问题。除此之外，不要携带任何可能暴露你身份的东西。历史上就有很多这样的悲剧，现实不允许我们冒险。大陆军的内森·黑尔、美墨战争中的里奇中尉都是因为身上带着情报为国捐躯的，而且机密情报也被敌人破译了。你绝不能失败，绝不能出现这样的失败。"

到这个时候，我才充分意识到，瓦格纳上校并没有跟我开玩笑。他继续说："你到牙买加后，有人会有办法识别你的身份。那是古巴，所有的事情就靠你一个人完成。你不会得到比现在更多的指示。"

的确是这样，就像描画了一个轮廓一样。"下午就去做准备，军需官哈姆菲里斯将送你到金斯敦上岸。之后，假如美国要向西班牙宣战，将根据你发回的密电做出进一步指示。这一切都将在极为秘密的情况下进行，你必须自己做好计划，然后亲自采取行动。这项任务由你完成，要记住，只你一个人！你必须把最重要的情报，送给加西亚将军。你的火车将在午夜出发。再见，祝你好运！”

我们握手道别。

瓦格纳上校一再叮嘱我说：“一定要把信送给加西亚。”

当时，我正忙着做准备，我突然意识到自己的责任是多么重大。

正如我觉察到的一样，这项任务艰巨、复杂。这场战争还没有爆发，或许我离开的时候也不会爆发，再或许，我到了牙买加以后，它也不会爆发，但如果哪个步骤稍微出错，就可能会带来无法估量的损失。如果双方已经宣战了，或许事情还没那么麻烦，尽管由此给我个人带来的危险并没有减少。

在这种关键时刻，一个人的声誉，连同他的生命，都置于生死攸关的边缘。通常情况下，人们理所当然地要寻求书面指示。

一个穿上了军装的人，他的生命便属于他的国家所支配，而他的声誉则掌握在自己手中，不应该被置于任何有权者之手，任其诋毁。

但是，我所碰到的情形，就是无法像其他人那样，得到一份书面指示，告诉我应当如何妥善行动，以便更好地履行自己的职责。当时我唯一的想法是，我一定要把信送给加西亚，并从他那里得到最准确的情报，而且我发誓一定要做好这项工作。

我不知道，瓦格纳上校是否将我们的谈话记录在了档案中，在即将结束的一天，这已经算不上是什么重要的事情了。

勇闯牙买加

我乘坐的是中午 12 点零 1 分出发的火车，这不禁让我想起一个古老的迷信，说星期五不宜旅行。星期六火车开车，但我出发时却是星期五。

我猜想这可能是命运有意安排我在星期五出发。但一想到自己肩负的重任，我也就无暇顾及那么多了。直到后来，我也没再想起过，现在，这些事都已经没什么意义了，因为我的使命完成了。

“艾迪罗德克”号轮船准时起航，一路上没有遇到特殊情况。我尽量和其他乘客保持距离，沿途只认识了一位电器工程师。他教会了我许多有趣的东西。因为我很少和其他乘客交谈，他们就善意地给我起了一个绰号“冷漠的人”。

当船进入古巴海域的时候，我第一次意识到危险的存在，我携带着政府给牙买加政府的证明我身份的文件。如果在艾迪罗德克号进入古巴海域前美国和西班牙开战，按照国际法则，西班牙人会上船搜查。作为一个非法入境者，一个非法送信的人，我一旦暴露就会被捕，并被作为战犯来处置，而且他们会让我远离任何西班牙船只。这艘悬挂着中立国国旗的英国轮船也会在遵守了某条规定后被击沉。这艘轮船从一个和平的港口驶往一个中立国的港口，全然不知战争即将爆发。

想到事情的严重性，我忙把文件藏进特等舱救生衣里，直到轮船顺利通过海角，我才长长地松了口气。

第二天早上 9 点，我上了岸，成为赴牙买加的一位客人。不久，我就和古巴游击队领袖莱恩先生取得了联系，有了他的帮助，我打算尽快找到加西亚将军。

4 月 8 号到 9 号，我离开华盛顿，4 月 20 号，我得到消息，美国要求西班牙 4 月 23 日之前同意将古巴政权交给古巴人民，并且将驻扎在岛上的军队全部撤走，同时撤掉该海域的所有海军，向古巴投降。我用密码发了一份电报给瓦格纳上校，告诉他我已经到达目的地。

4 月 23 号，我收到了一封密电："尽快和加西亚取得联系！"

随后，我马上到古巴军方联络处总部，一些流亡的古巴人正在那儿等着我——这些人我之前一个也没见过，就在我们研究行动方案的时候，一辆马车跑了过来。

"是时候了！"有人用西班牙语喊道。

紧接着，没有商量的余地，我被带上马车，在里面坐下来。

我就这样开始了一个军人服役以来最为惊险而奇特的旅程。

车夫可以说是一个沉默寡言的人，他既不跟我主动说话，我说话的时候他也不听。从我上车的那一刻起，马车便开始在迷宫一样的金斯敦大街上奔驰，丝毫没有减速的迹象。

很快，我们穿过了郊区，把这个城市远远地扔在了后面。我敲了敲车门，甚至还踢了一下，可车夫根本不理我。

他好像知道我急着要给加西亚将军送信，而他的责任就是尽可能快地走完他负责的这段路程。

我好几次想让他能听我讲话，但都没什么作用。我只好坐在原来的位置，任凭他把马车驶向前方。

大约又走了 4 英里路，经过一片茂密的热带森林，进入平坦的西班牙城镇公路，我们停在一片丛林边上。马车门从外面被打开了，我看到一张陌生的面孔，然后就被要求换乘在此等候的另一辆马车。

太神奇了！一切似乎都早已安排好，一句多余的话也不用说，一秒钟都没耽搁。

一分钟之后，我又上路了。

第二个车夫和第一个一样，也是默不作声。我努力想和他说话，但毫无效果。他只是一心一意地履行自己的职责，赶着马车飞快地奔向前方。随后，我们穿过一个小镇，顺着科布里河谷向着目的地奔去。我们所走的那条路的尽头，就是著名的加勒比海。

车夫仍旧一言不发，尽管我总想让他和我说上几句。

他对我置之不理，只管稳妥地驾好行驶的马车。马车越走越快，我在车上自由地呼吸着新鲜的空气。直到太阳落山，我们才在一个火车站旁边停了下来。

但是，那些从山坡上滚落而来的黑糊糊的东西是什么？难道是西班牙当局料到我会来，专门安排牙买加军官拦截我的？

看到这幽灵般的东西出现，我就开始警觉起来，结果是虚惊一场。一位年长的黑人一瘸一拐地走到马车前，推开车门，送来美味的炸鸡和两瓶巴斯啤酒。他说着当地的方言，我只能隐约听懂几个单词，但我知道他是在向我表示敬意，因为我在帮助古巴人民赢得自由。他给我送来吃的喝的，是想表达自己的“一份心意”。

可是，我的车夫却像是一个局外人，对炸鸡、啤酒和我们的谈话丝毫不感兴趣。过了一会儿，我坐的那辆马车又换上两匹马，车夫用力挥舞着马鞭，马车飞快地跑了起来。

我没有足够的时间向那位黑人老者道谢，只好坐在马车上向他喊道：“再见，老人家！”转眼之间，我们已离他而去，以极快的速度继续前行。

尽管我完全理解当时严峻的形势，以及我的使命多么重要，但在那一刻，我却沉浸在对热带森林的赞叹之中，将其他一切置之度外。

森林里的黑夜就像白天一样美丽。

所不同的是，有太阳照射的白天，那儿是花草树木的世界；而到了晚上，它却成了引人注目的昆虫的世界。黑夜来临，萤火虫们就带着独有的光亮，在森林中四处乱飞，为森林增添了无限美丽，我仿佛进入了仙境。

然而，一想到自己正在履行的职责，我就连这样的景致也忘记了。马儿仍以最快的速度向前飞跑着。突然，一声刺耳的哨音在林中响起！

马车停了下来，一群人突然出现在我们面前，他们的速度如此之快，就好像从地底下突然钻出来一样。我被一帮全副武装的人包围了。在英国管辖的地方遭到西班牙士兵的拦截，我并不害怕，只是这突然的停车使我格外紧张。牙买加当局的行动可能使这次任务失败。如果牙买加当局事先得到消息，知道我违反了该岛的中立原则，就会阻止我前行。

要是这些人是英国军人那该多好呀！

但是，很快我的这种担心就消除了。在小声地交谈了一番之后，我们又被放行上路了！

大约1小时后，我们的马车在一栋房屋前停下，房间里闪烁着昏暗的灯光，等待我们的是一顿丰盛的晚餐。这是联络处特意为我们准备的。游击队的人都认为人应该无所顾忌地吃好东西。他们为我准备了一瓶格外诱人的牙买加朗姆酒。我们已经行走了大约 9 个小时，70 英里的奔波劳顿，换了两班人马，但我一点儿也不感觉疲倦。这朗姆酒多么令人愉快!

接下来就是互相介绍，这时从隔壁房间进来一个留着大胡子的身材魁梧的人，他的一只手少了一个拇指。他果敢的表情，眼神诚实而坚毅，透出一种说不出的高贵。他是西班牙半岛人，曾去过古巴，他是因为反抗西班牙人的统治才被砍掉手指流放到这里的。

他叫格瓦希奥·萨比奥。从现在开始，一直到我把信送到加西亚将军手中的这段时间里，他将做我的向导。其他人是雇来送我离开牙买加的，因为还有 7 英里路要走。只有一个人例外，他是我的“助手”。

海上惊魂

休息大约 1 个小时之后，我们继续前行。

半个小时后，一声哨响，我们下了车，在灌木丛中跌跌撞撞走了差不多 1 英里。我们来到一处小果园，从那里可以看到海。距离海湾 50 码的地方停着一条小船。小船在水面上轻轻摇晃。

突然，小船里闪起亮光，这一定是一个信号，是我们的人，我们悄悄地到达，没有弄出一丝声响。

格瓦希奥显然很满意船上人的警觉，做出了回应。接着，我向联络处的人表示谢意，说话的时候，我爬上一名船员的背，他把我背到船上。

至此，给加西亚送信的第一段路程告一段落。

上船后我才注意到，船舱里堆放了许多石块用来压舱，一捆一捆的长方形货物不足以使船保持平稳，但不会影响船的运行。

我们让格瓦希奥当船长，我和助手当船员。船里的巨石和货物占了很大的空间，坐在里面很不舒服。

我向格瓦希奥表达了这样的心情，希望能够尽快走完剩下的 3 英里路程。他们为我提供的热情周到的帮助，使我深感过意不去。因为狭小的海湾风力不够，无法航行，所以，他告诉我船必须绕过海峡。

我们很快就离开了海峡，正赶上微风吹来，险象环生的第二段行程就这样开始了。

我可以毫不隐瞒地讲，在与他们分别后，我的确有过十分焦虑的时刻。

如果在离牙买加海岸 3 英里以内的地方我被敌人捉住，我的名誉将毁于一旦，如果我在距离古巴海岸 3 英里的地方被敌人抓住，那么，我的生命会危在旦夕。

我唯一的朋友只有这些船员和加勒比海。

向北 100 英里的地方就是古巴海岸，经常有西班牙武装的轻型军舰在那儿出没。他们有先进的武器，舰上装有小口径的火炮和机枪，船员们都有毛瑟枪，比我们的武器强多了。这些是我后来才知道的，如果我们不幸遇上他们，是几乎没有机会脱险的。

但是，我必须成功。我必须找到加西亚，把信交给他！

我们的行动计划是，白天就待在距离古巴海域 3 英里的地方，待日落黄昏时，快速航行到珊瑚礁后面登陆，一直等到早晨。如果我们被发现，因为我们没有任何文件，我们的船可能会被击沉，敌人什么都不会问。装有大石头的船沉下去会非常快，就算有人找到我们的尸体也解决不了什么问题。

现在是早晨，空气清新宜人，疲惫的我正准备打个盹儿，突然，格瓦希奥大叫一声，我们全都站了起来。在几英里远的地方，一艘驱逐舰正向我们驶来。他们用西班牙语命令我们，叫我们停下来，于是，船员们降下船帆，除了格瓦希奥，所有人都躲进了船舱。格瓦希奥若无其事地靠在甲板上，将船头和牙买加海岸保持平行。

“他可能会认为我是个从牙买加来的‘孤独的渔夫’，也就让我们走了。”这位沉着冷静的舵手说。

事实果然像他说的那样，当驱逐舰离我们很近的时候，舰上那位爱管闲事的指挥官用西班牙语对格瓦希奥大喊道：“钓到什么没有？”

我们的船长也用西班牙语回答说：“没有，可怜的鱼，今天早上它们都咬不住钩！”

假如这位舰长也许是别的什么军衔，稍稍动动脑子，他就会抓到“大鱼”，那么，我今天也就没机会讲这个故事了。

当西班牙军舰远离我们一段距离后，格瓦希奥命令我们重新吊起船帆，并转过身来对我说："我认为危险已经过去了，如果先生累了想睡觉，那现在就可以放心地睡了。"

接下来的6个小时，我睡了个安稳觉。要不是那些灼人的阳光晃眼，我也许还会在石头垫上多睡一会儿。

但是，那些古巴人用他们颇感自豪的英语问候我："睡得好吗？罗文先生！"

这里整天烈日炎炎，把整个牙买加都晒红了，就像安在翡翠当中的珠宝。碧蓝的天空万里无云，岛的南坡到处是美丽的热带雨林，美不胜收，而岛的北部却完全一片阴暗。

一大块乌云笼罩着古巴。我们焦急地看着它，然而它却丝毫没有消失的迹象。不过，已经有风吹来了，而且风力越来越大，正好适宜航行。

我们的小船一路前行，船长格瓦希奥嘴里叼着根雪茄烟，愉快地和船员们开着玩笑。

大概下午4点钟的时候，天空中的乌云开始慢慢消散，这个岛的主要山脉西拉梅斯特拉山霍然展现在我们眼前，在金色阳光的辉映下，显得更加壮观。

它恰如艺术殿堂的大幕被拉开后，一幅出自艺术大师之手的无可挑剔的艺术画显现在我们面前。

色彩、人群、山脉、陆地、海洋，就像是一首美妙乐曲的音符，这幅美景在地球上其他任何地方都无法看到，因为除了这儿，地球上还没有哪个地方的山脉超过八千英尺，而其顶峰却依然一片翠绿，旁边较低的山脉绵延好几百英里！

这样的感叹没能持续太久，格瓦希奥下令收帆。我对他的这一举动迷惑不解。

他回答我说：“我们现在离目的地比我预想的要近。不论大海是波涛汹涌还是风平浪静，我们都在驱逐舰的范围内，我们必须在公海航行。如果我们航行时把船靠得离岸太近，有可能会被敌人再度发现。实际上我们完全没有必要冒这个险。”

我们开始彻底检修武器，格瓦希奥见我只带了一支史密斯维森左轮手枪，又发给我一支威力巨大的步枪。也许我曾用它开过一次火，但现在，我怀疑它还能否继续使用了。

船员们和我的助手也拿着这种同样恐怖的武器。他们各司其职，护卫着桅杆。现在是我执行任务中的严峻时刻，在此之前一切还算顺利，而现在到了危急关头，周围潜伏着巨大的危险。

被捕就意味着死亡，也就意味着无法把信送给加西亚。

离岸大约有 25 英里，但看上去好像近在咫尺。午夜时分，船帆开始松动，船员开始用桨划船。正好赶上一个巨浪袭来，没费多大力气，小船便被卷入一个隐蔽的小海湾。我们摸黑把船停在离岸有 50 码的地方。

我建议大家立即上岸，但格瓦希奥回答我：“先生，无论是在岸上还是海上，都有我们的敌人，我们最好原地不动。如果驱逐舰想打探我们的消息，他们一定会登上我们经过的珊瑚礁，那时候我们上岸也不晚。我们穿过昏暗的葡萄架，就可以光明正大地出入了。”

笼罩在天边的热浪逐渐散尽，我们可以看到大片葡萄、红树、灌木丛和刺莓，差不多都长到了岸边。但是看得不是十分清楚。我们周围的环境让我更加迷惑，太阳从图尔基峰升上来，照在古巴山峰的最高处。顷刻间，万象更新，雾霭消失了，笼罩在灌木丛的黑影不见了，拍打岸边灰暗的海水魔术般地变绿了。

这是一次辉煌的时刻——光明终于战胜了黑暗。

船员们正忙于将行李搬运上岸。而我却静静地站着发呆，因为我正在思索着一位诗人所写的诗句：“夜晚点着的蜡烛已经燃尽，欢快的白天正站在迷雾茫茫的山顶上。”

格瓦希奥见我一动不动地站着，便轻声地对我说：“那是图基诺，先生。”

但是，我的幻想很快结束了，船靠岸了。我定下神来，朝岸上望去，船上的东西已经全搬下来了，我也下了船。我们乘的那只小船被转移到了小海湾，然后被抬到岸上，藏在了丛林中。

这个时候，许多衣着破烂不堪的古巴人聚集在我们刚才靠岸的地方。他们是从哪里来的，我们怎么知道他们是不是友好的，这些问题我当时可没有时间去认真考虑。他们似乎得到了命令，开始帮助我们搬运东西。从他们当中有些人的身上仍然能看出曾服过兵役的影子。有些人的身上还带着曾被毛瑟枪子弹伤过的痕迹。

我们登陆的地方好像是几条路的交汇点，从那里可通向海岸，也可以进入灌木丛。

向西走约 1 英里，可以看到从植被中突现的小烟柱和袅袅的炊烟。听说这烟是从古巴难民熬盐用的大锅里冒出来的，这些人从可怕的集中营里逃出来，躲进了山里。

我的第二段“行程”就这样结束了。

丛林枪声

如果说在我前面的行程中，是有惊无险的话，那么，从现在起，危险会越来越多。

西班牙军队无情地屠杀着古巴人。这支军队的首领是威勒，他是一个非常残忍的独裁者，曾被人们称为“屠夫”。他们只要发现携带武器的人，甚至有些时候在集中营外，只要发现可疑的人，哪怕他们身上没有携带任何武器，部队的士兵都可以随意逮捕他们。

接下来的给加西亚送信的路程将充满各种各样的危险，对此，我早有清醒的认识，可我已没时间去过多的考虑这些。我必须走下去！

这里的地形比较简单，通往北部的地方有一条绵延约 1 英里的平坦土地，被丛林覆盖。男人们忙着开路，古巴的路网就像迷宫；炎炎的烈日烘烤着我们。我真羡慕一起同行的伙伴，他们身上没有一件多余的衣裳。

很快，我们继续前行。海和山遮住了我们的视线，浓密的叶子、曲折的小路、灼热的阳光，使我们每前进一步都要付出巨大代价。这里到处是青翠的灌木丛，但离开岸边到达山脚下，就看不到这样的景色了。

我们很快就到了一个空旷的地方，意外地发现几棵椰子树。椰子汁新鲜又凉爽，对口渴得要命的我们来说，简直是灵丹妙药。这里不能久留，天黑以前我们还要走几英里路。翻过几个陡峭的山坡，进入另一个隐蔽的空地，很快，我们就进入了真正的热带雨林。

这里的路比较平坦，尽管察觉不到微风吹过，却感觉呼吸到了更清新的空气。

穿过森林就是波蒂洛至圣迭亚戈的“皇家公路”。

当我们接近路边时，同伴们突然一个个转身，消失在丛林里，转眼间只剩下我和格瓦希奥，我刚要问他发生了什么事，却看到他将手指放到嘴边，意思是叫我不要出声，同时，示意我赶紧准备好武器，接着，他自己也消失在丛林里。

我很快明白了他们这些奇怪举动的原因。这时，马蹄声传来了，还有西班牙骑兵的军刀声和偶尔发出的命令声。如果没有高度的警惕性，也许我们早已走上公路，跟敌人正好狭路相逢。我一下子反应过来了，马上也敏捷地躲了起来，手指扣在步枪的扳机上，随时等待枪声响起后反击。

但最终，我没听到一声枪响，队友们一个个都回来了，格瓦希奥最后一个回来。“我们分散开是为了给他们造成错觉。一旦我们被发现，开起火来，他们一定会以为中了我们的埋伏。”格瓦希奥带着惋惜的神色：“那将会是一场漂亮的胜仗，但是任务第一啊。”他笑了笑，继续说：“游戏第二！”

在起义军常常经过的路旁，有个习惯，就是大家会拾不少的干柴，点起一堆火，然后把随身带的红薯埋在火堆里，烤红薯。如果有队伍经过，饿了可以拿起来直接吃。那天下午，我们就碰到了这样一个火堆，我们每个人都吃到了一个香甜的烤红薯，然后，我们埋了火堆继续前进。

吃红薯的时候，我不由得想起了我们的民族英雄马里恩和他的队伍。这时我的脑海里闪现出一个念头，既然当年马里恩和他的士兵们能够靠吃红薯最终赢得战争的胜利，那么这些为自由而战的古巴人，在争取民族自由精神的鼓舞下也一定能够赢得战争的胜利。一想到这些，一种自豪感油然而生，我此行的使命就是要把情报送给他们的将军，并尽可能地促成我们国家的士兵为了古巴人民的利益而参战，从而帮助他们。

到达目的地的那天，我看到许多衣着和我有很大差异的人在那儿等着我。

“他们是谁？”我问道。

“他们是西班牙军队的逃兵，先生。”格瓦希奥回答，“因为不堪忍受军官的虐待和饥饿，他们从曼查尼罗逃出来了。”

逃兵有时也有用，但此时，在这旷野中，我对他们持怀疑态度。

谁能保证他们当中没有间谍，会向西班牙军队报告一个美国人正越过古巴向加西亚将军的营地进发？

敌人难道不是在想方设法阻止我完成任务吗？

所以，我对格瓦希奥说：“仔细审问这些人，并看好他们，我们在此逗留期间，不要让他们离开营地。”

“是，先生！”他回答道。

为了确保能顺利完成使命，我下了这样一个命令。后来的事实证明我是对的。虽然无端怀疑那些人知道我的使命并不公平，但是，我的出现已引起其中两个后来被证明是间谍的人的警觉，还差一点要了我的命。他们决定晚上逃出古巴，穿过丛林给西班牙人报告——有人在护送一个美国军官。

半夜，突然一声枪响将我惊醒。我的床前突然出现一个人影。我一下子跳了起来。这时，又出现一个人影，还没等我反应过来，他就用大刀砍倒了第一个人，从右肩一直砍到肺部。被砍的人便倒在了地上。等我们点亮屋子里的灯后，我发现被砍倒的人就是其中的一个间谍。

这个不幸的人在临死之前告诉我们说，他和同伙约好万一他的同伙没有成功地逃出营地，他就立即下手杀了我，以阻止我去完成什么重大任务。当他发现哨兵开枪把企图逃走的同伙打死后，他当即开始了他的刺杀行动。好在我们事先有所提防，在他刺杀我时，负责保护我的人将他砍倒。

马和马鞍直到第二天晚些时候才备好。这比我们原定的出发时间稍微推迟了一些，计划不能顺利进行，我为此感到有些恼怒，但这无济于事。马鞍比马更难弄到，于是我问格瓦希奥，为什么没有马鞍我们就无法继续。

“加西亚将军正在围攻古巴中部的巴亚摩，”他回答道，“我们还要走很远才能到他那里。”

这也就是我们到处找马鞍和马饰的原因。一位同伴看了一下分给我的马，很快为我备上了马鞍，我非常敬佩这位向导的智慧。我们骑马走了4天。

假如没有马鞍，我的结局一定很惨。我要赞美这匹瘦马，它套上马鞍和马饰后，美国平原上任何一匹骏马都难以和它相媲美。

离开了营地，我们沿着山路继续向前走。山路弯弯，如果不熟悉道路，我们一定会在这片迷乱的荒野中陷入绝境，但我们的向导似乎对这迂回曲折的山路了如指掌，他们走在上面如履平地。

不久，我们离开了一个分水岭，开始从东坡往下走，突然遇到一群衣着五颜六色的小孩和一位白发披肩的老人向我们问好，队伍停了下来。老人和格瓦希奥交谈了几句，森林里出现了“万岁”的喊声，是在祝福美国，祝福古巴和“美国特使”的到来，真是令人感动的一幕。

我始终不清楚他们是如何知道我的到来的。但消息在丛林中传得很快，我的到来使这位老人和这些小孩十分高兴。

在亚拉，山脚下的一条小河流向远方。我们就在那里扎营，这使我意识到这又是一个危险地带。为了保护峡谷，那里建起了很多像“战壕”一样的“防护墙”。这样，西班牙军队就无法从曼查尼罗攻进来。

亚拉是古巴历史上的圣地，这里发出了1868年至1878年的“古巴十年战争”的第一声自由的呼唤。他们让我把我的吊床悬挂在一堵防护墙的后面。顺便说一下，其实这并不是一个战壕，而是一堵齐胸高的石墙，而且我还注意到，不知道他们在哪儿招来一个士兵，让他彻夜守着这堵墙。格瓦希奥不想让我的任务有任何的失误。

第二天早晨，我们开始攀登西拉梅特拉山，这个山坡向北延伸，就形成了这条河流的东岸。我们沿着已经风化了的山脊向前行进。危险就潜伏在地势低洼处。我们很可能会在这儿中埋伏，与西班牙的流动部队开火。不过，最可怕的是在这里遭到伏击，那样的话，我们就全完了。幸好这样的危险并没有发生。

我们沿着这条河流的河岸向前行进，在我的一生中曾看到过很多虐待动物的场景，但是却从没看到如此残忍的。为了尽快走出峡谷的底部，我可怜的马被我驱使着一会儿上去一会儿下来，直喘粗气。我使劲地抽打着它，我很抱歉，但是没有办法，我必须把信送给加西亚。在战争年代，成千上万的人都危机重重，几匹马的痛苦又能算得了什么？我为我的残暴感到惭愧，我没有多愁善感的时间。

让我欣慰的是，最艰难的一天终于结束了。我们在基巴罗森林边缘的一个小木屋前停下来，它被一片玉米地包围着，椽子上挂着新鲜的牛肉，厨师正忙着准备一顿大餐，欢迎我这位“美国使者”的到来。

负责人在向大家宣布我的到来之后，我们就开始享用晚餐。那顿晚餐有新鲜的烤牛肉，还有面包。

加西亚将军

几乎是刚吃完丰盛的食物，就听到一阵骚乱，森林边上传来说话声和阵阵马蹄声。原来是瑞奥将军派卡斯特罗上校代表他来欢迎我，而瑞奥将军和一些训练有素的军官将在早上赶到。接着，他又跳上马，动作就像赛马运动员。他使劲儿抽了一下马，像来时一样，如一股闪电，离开了。

他的到来使我确信，我又遇到了一个经验丰富的好向导。

第二天，瑞奥将军在卡斯特罗上校的引导下也来了，他送给我一顶标有“古巴生产”的巴拿马帽。

瑞奥将军被称作“海岸将军”，他皮肤黝黑，很显然，是印第安人和西班牙人的混血儿。他步履矫健、身姿挺拔，像个运动员。在他的管辖范围内，曾多次成功地击退西班牙人的进攻。

他的消息来源和对事情的直觉，总是显得那么神秘。转移那些隐藏的家属，并保护好他们是一件非常艰难的任务，但是，他每次都完成得很好。而且每次敌军有什么行动，他都能够事先得到可靠的情报，做出相应的部署。西班牙人想进入森林，除掉他们，但每次都是无功而返。瑞奥将军擅长采用游击战术，一次又一次地瓦解了敌人的进攻。

瑞奥将军另派200名骑兵护送我。如果当时有人能看到我们，就会发现我们排成一列纵队的队伍有多么庞大。我相信，这是一支训练有素的队伍。借着森林的掩护，我们快速前进，隐没在西拉梅斯特拉山的树林里。

道路相对来说还算平坦，可一路上却遇到几条溪流，而且溪岸很陡。这条路特别窄，经常有树枝斜出来挡住我们的去路，或者划破我们的皮肤，因此，我们得不断收拾从马背上掉下来的东西。

但是，我们的向导步伐依然平稳，这不得不让我惊讶，我走在队伍的中间位置，但是在接下来的一次过河时，我特意加快速度，走上前去，细细打量向导。

他叫迪奥尼思妥，皮肤简直像炭一样黑，是古巴军队的一名中尉，他能骑着快马在这漫无边际的森林中穿梭，快速地找出前进的道路。他使用大砍刀的技术也令人惊诧。每逢前边无路可走的时候，他就用那把砍刀披荆斩棘，硬是为队伍开辟出一条道路，使狭小的空间立刻变得空阔，他看起来就好像永远不知疲倦似的。

4月30日晚上，我们来到巴亚摩河畔的瑞奥布伊，离巴亚摩城还有20英里。那天晚上，我们刚把吊床拉好，格瓦希奥就又出现了，脸上露出满意的微笑。格瓦希奥乐呵呵地说道："加西亚将军就在巴亚摩城。西班牙军队已经撤退到考托河一带。我们的后方警卫在考托内河码头。"

我实在是急于见到加西亚将军，提出晚上赶路，但他们讨论后认为这样做无济于事。

1898 年 5 月 1 日是“德威日”，当我在古巴的丛林里睡觉的时候，我们强大的海军正在马尼拉湾向西班牙舰队发起进攻。当我正在给加西亚将军送信之时，我们的大炮已击沉了西班牙军舰，威逼菲律宾首都。

第二天一大早，我们就上路了，从山坡上往下直达巴亚摩平原。这里幅员辽阔，现在，满目疮痍，到处是战火造成的废墟，就好像从来没有人在这儿居住过。这些废墟，见证着西班牙军队对这块美丽的土地犯下的滔天罪行。当到达平原时，我们已经在马背上走了大约 100 英里，野草有一人多高，烈日当头，酷暑难耐，但为了我的使命，我们也不能停留一步。我们的目的地就在眼前，我的使命就要完成了！一想到这，所有的辛劳都烟消云散，好像连我那筋疲力尽的马都在分享着我们的期待和急切的心情。

我们来到曼查尼罗至巴亚摩的“皇家公路”上，遇到了许多衣衫褴褛却兴高采烈的人们，他们正在朝城里冲去。叽叽喳喳地交谈声使我联想到自己在丛林中遇到的那些鹦鹉。他们终于可以返回到自己曾被驱赶出去的家园了。

从河东岸的帕拉勒约到城镇并没有多远，巴亚摩原是一个拥有 3 万人口的城市，但现在却成了一个只有两千人的小村庄。

在巴亚摩河两岸，西班牙人建了很多碉堡，这个城市就被包围在这些碉堡中。当我们来到这儿，首先映入眼帘的就是这些小要塞，尤其突出的是，里面的烟火还没有熄灭。当古巴人返回这曾经繁荣的山谷时，他们便将这些碉堡付之一炬。

我们很快上岸并排好队，格瓦希奥站在队伍前面，给士兵们训过话后，队伍再次出发。我们在牵马过溪的时候，稍做停留，为的是让那些战马趁机多喝些水，再吃些溪边的青草，为跑完最后的旅程储存一些能量。（在此，我从那天出版的当地报纸上摘一段话：古巴的将军说，罗文中尉的到来，让古巴军民感到群情激昂。）

几分钟后，我见到了加西亚将军。

在这次漫长的旅途中，时时刻刻都充满着危险，我的使命随时都有无法完成的可能，而且我随时都有可能死于敌人之手。

但我成功了。

我来到加西亚将军指挥部门前的时候，看到古巴的旗帜在飘扬。在这样的地方以这种方式见到一个让公众信任的人，这对我来说是非常荣幸的。

我们纷纷下马，排成一队。将军认识格瓦希奥，所以卫兵让格瓦希奥进去了。不一会儿，他和加西亚将军一同走出来。将军热情地欢迎我，并邀请我和助手进去。将军将我一一介绍给他的部下，这些军官全都穿着白色军装，腰间佩带武器。将军解释说，他很抱歉出来晚了，因为他在看从牙买加古巴军人联络处送来的信，这是格瓦希奥送来的。

幽默无所不在。联络处送来的信中称我为“一个密使”，可翻译却把他翻译成“一个自信的人”。

早饭过后，我们开始谈论正题。我向加西亚将军解释说，我所执行的纯属军事任务，离开美国时总统带来了书信——总统和作战部急于知道有关古巴东部形势的最新情报（美方已经向古巴中部和南部派遣两名军官，但是他们都没能到达目的地）。最为要紧的是美国必须了解西班牙军队占领区的情况，包括西班牙兵力的多少和部署、敌方指挥官特别是高级指挥官的性情、西班牙军队的士气以及整个国家和地区的地理条件和道路情况，总之是任何可以提供给美方的相关军事情报。还有最重要的是美军与古巴军队联合作战的计划。我还提出，美国政府希望我能有时间全面了解古巴军队的各种情况，以便于协同配合。

加西亚将军思考了一会儿，和所有的军官退下了，只留下他的儿子加西亚上校陪伴我。

大约下午3点钟，将军回来了，他告诉我，他决定派3名军官陪我回美国，他们都在古巴生活多年，个个出类拔萃、训练有素、久经考验，也十分了解自己的国家，而且知识渊博，完全有能力回答前面提出的各种问题。

我没有必要自己在古巴调查情况，因为我花上几个月也不一定能够得出完整的报告。现在时间紧迫，让美国越快地获得情报，对双方越有利。

加西亚将军接着向我谈道，他的部队很需要武器装备，尤其需要威力很大的大炮，因为他们如果有了这种武器的话，就能够比较容易地攻击敌军的碉堡。一谈到弹药，加西亚将军就说，目前他的部队弹药十分缺乏，而且由于士兵们所用的步枪口径不一，这使得弹药补给工作非常难做。他觉得为了使这个问题简单化，最好采用美国的步枪，重新武装他的部队。

库拉佐将军是这支部队里另一位赫赫有名的指挥官。赫纳德兹上校和维雅塔医生都比较熟悉该岛及整个热带地区的流行疾病。护送我们的两位水手对北部海岸非常熟悉。加西亚将军补充说，如果美国方面决定给这支部队提供他们所需要的装备，那么陪同我的几位古巴人到时能为此做不少具体而有价值的工作。

我还能再问一些其他的问题吗？还能再问一些其他的事情吗？在这长途跋涉的九天里，我的脑海里一直装着许多问题。我多么希望能有机会仔细看一看周围奇怪的环境，但面对将军的问话，我的回答正如他的问题一样非常简洁：“没有，先生！”为什么不呢？

加西亚将军有着敏锐的洞察力。他的建议使我免除了几个月的劳累，并且还能为我的国家获得更多更详尽的情报，和古巴人民自己掌握的情报一样准确，实际上也就是掌握了敌人的情报。

接下来的两个小时里，我受到了非正式的热情接待。宴会从 5 点钟正式开始，结束后，我被护送者送到大门口。我走到大街上，很惊奇没有看到原来的向导和原来的同伴。我问他们格瓦希奥在哪儿，于是，格瓦希奥和从牙买加来的随从一起出来了，格瓦希奥想陪我回美国，但加西亚将军没有同意，因为南部海岸的战争还需要他，而我要从北部返回。我向将军表达了我对格瓦希奥和他的船员的感激之情。我以纯拉丁式的拥抱与将军告别，然后骑上马，与3个护卫一起向北疾驰，这时，我听到三声响亮的欢呼声。

终于，我把信送给了加西亚将军！

不要问为什么，而是服从命令

给加西亚将军送信的过程充满了危险，返回美国的行程与之相比同样重要，也同样凶险。返程中，战争已经爆发，西班牙士兵在四处巡逻，在每一个海岸、每一个海湾、每一条船上都可能遇到危险。他们的大炮随时都会轰击可疑目标，而我一旦被发现就意味着死亡，因为我必然会被当作一个敌后出现的间谍来对待。

面对咆哮的大海和天空，我不再认为成功就是一次远航。

当然，我们还须努力，否则的话我的使命就会功亏一篑。在很大程度上讲，只有幸福的生活出现，战争才算胜利的结束。

和我同行的那几个人，也都有同样的恐惧，我们从古巴极其谨慎地向北部前进，来到了西班牙军队控制下的考托内河码头，这里是航线枢纽，对于炮艇，这里是航行要道。我们来到一个外形像瓶子的玛纳蒂港口。发现港口的一侧，设有西班牙军队的碉堡，驻守在那儿的士兵荷枪实弹，时刻监视着港口内的情况。只要西班牙军队知道我们到来，我们肯定就彻底完蛋了。有谁能够想到，我们几个肩负重要使命的人偏偏选择了这个港口登船起航呢？

我们用于这次航行的，就是一艘小船，104 立方英尺的容量，我们把黄麻带缝合在一起当船帆使用，每天只有定量煮熟的牛肉和水。借助这艘小船，向北航行 150 英里，我们到达纳索岛的新普罗维顿斯。想象一下，在敌军控制的水域，敌军装备精良、速度奇快的巡逻艇来来去去，而我们却要借一艘轻舟穿过这片水域，其危险性该有多么大，但是完成任务的使命感让我们无所畏惧。这也是我们完成使命的唯一途径。

显然，这条小船无法一下承载我们 6 个人，所以，维雅塔医生骑着马带着陪同人员返回巴亚摩。

就在我们准备出发的时候，暴风雨突然降临。在波涛汹涌的海上，我们

不能轻举妄动，但是即使原地等候也同样危险。现在是满月，假如飓风把云彩吹散，敌人就会发现我们的行踪。但命运掌握在我们自己手中。

晚上 11 点，我们上了船，因为只有 5 个人，船在水里还比较顺利。天空乌云密布，遮住了月亮，敌人无法发现我们。我们一人掌舵，四人划桨。渐渐地，远去的要塞已经看不见了，或者更精确地说，要塞里的人还没有发现我们。但是，不难发现，当我们在水中艰难跋涉的时候，大炮正张着嘴随时准备向我们开火，我们随时会听到大炮的轰鸣声和机枪的扫射声。我们的小船摇摇晃晃，像个蛋壳，有好几次差点倾覆。但水手们了解水性，装在船里的压船物经受住了考验，我们仍然可以继续航行。

极度的疲倦，单调的航行，我们几乎要睡着了。但是没过多久，一个大浪向我们袭来，小船的船舱被灌满了海水，差一点就翻了。这一下，我们睡意全无。在那个漫长的夜晚，我们几个人不停地用水桶把溅到船舱里的海水往外舀。我们浑身都被海水浸湿，整夜地舀水又使我们精疲力竭。就在这时，远处的海平面上，一轮红日喷薄而出。

掌舵的那个人举目远眺，然后不禁叫道："你们快看！"

每个人的心都剧烈地跳动起来，它会是一支西班牙舰队吗？如果是的话，那意味着我们将在劫难逃。

"Dosvpores，tresvapors，Caramba！ docevapors！"舵手们大叫着，我的同伴们也随声附和着。难道真的是西班牙战舰吗？

不是！它是辛普森将军率领的舰队，他们正前去攻击波多黎各的圣胡安。

我们每个人都松了一口气。

整整一天，艳阳高照，在灼热太阳的烘烤下，我们仍然必须一刻不停地把溅到船舱的海水舀出去。谁都没有放松一下，也不能打一会儿盹。即便附近有美国的舰队经过，但西班牙的巡逻艇也很可能在附近出没，如果我们不幸被这些巡逻艇发现的话，肯定要落在他们手中。那天夜幕降临之时，我们5个人都累得疲惫不堪，却仍不能休息片刻。天黑之后，风越刮越大，浪头也越来越高，溅到小船里的海水自然也越来越多。为了不让这条小船沉没在一望无际的大海里，我们唯一的选择就是不断地用水桶往外舀水。在第二天，也就是5月7日的上午10点钟，我们的小船航行到马哈马群岛的安多斯岛。把船靠到岸边，我们5个人赶快上岸，做短暂的休息。

当天下午，在13个黑人船员的协助下，我们彻底地检查和清理了小船。这些黑人说着古怪的语言，我们根本听不懂他们在说什么，但是手势是通用的。很快，我们就装好了物品，有些猪肉罐头，还有一把手风琴。我虽然疲惫到了极点，但依然睡不着，刺耳的手风琴声使我无法入眠。第二天下午，当我们向西航行时，被检疫官抓住关到豪格岛上。他们怀疑我们得了古巴黄热病。

第二天，我得到美国领事麦克莱恩先生的口信。5月10日，在他的安排下，我们获释了。5月11日，这只小船终于驶离码头，我们又开始了航行。

航行到佛罗里达海域时，我们可就没那么幸运了。12日这天，一天无风，小船无法航行。直到夜晚才有微风吹动，5月13日早上，我们才顺利到达基维斯特。

那天晚上，我们乘火车到塔姆帕，又在那里换乘火车前往华盛顿。我们终于在预定的时间到达了目的地。不敢有丝毫耽搁，我随即向战争统帅部秘书罗素·阿耳戈汇报了情况。他听了我的讲述之后，让我带着加西亚将军派来的人再向米尔斯将军汇报。米尔斯将军接到我的报告后给统帅部写了一封信说："我建议美国第十九步兵团的一等中尉安德鲁·罗文晋升为骑兵团上校副官。罗文中尉历经艰险，穿行古巴，与起义军领袖加西亚将军取得了联系，为政府带回了最有价值的情报，罗文中尉发扬了英雄主义精神，沉着勇敢，他的事迹将成为战争史上少见的模范先例。"

返回后，在米尔斯将军的陪同下我参加了一天的内阁会议。会议结束时，我收到了麦金莱总统的贺信，他感谢我把他的愿望传达给了加西亚将军，同时祝贺我圆满完成了自己的使命。

贺信中的最后一句话是："你完成了一项了不起的任务！"我完成了我职责范围以外更多的任务——对我来说这是第一次。一个军人的天职就是——"不要问为什么，"然后听从命令。

我已经把信送给了加西亚。

第三章

卓越就是比别人想得更多，做得更多

我不会轻言放弃，放弃不是我的选择。

我一定会完成摆在自己面前的任务。在我生活的每一个领域，我都要求尽善尽美。

即使跌倒了，我也要重新爬起来。我会抖落尘土，给自己一些压力，直到取得成功！

大约 100 年前，为了填补一本即将出版的杂志的一处空白，有人写了一篇简短的关于一个美国战士的文章。就是这篇看起来无关紧要的文章，后来竟成了印刷史上销量最高的出版物之一，它就是《致加西亚的信》。这篇文章已经被翻译成各种主要的语言在世界广泛流传，发行量超过一亿。这篇文章的重要意义到底是什么？为什么会在世界上引起如此大的轰动？

1899 年，一个名叫阿尔伯特 · 哈伯德的人为一本名叫《菲利士人》的小杂志写了一篇评论。那天喝茶的时候，哈伯德和他的家人讨论美西战争，每个人都为古巴起义军领袖加西亚将军赞不绝口，因为他为古巴战役取得胜利起到了关键作用。但是，哈伯德的儿子波特却提出了不同的意见。

“在我心中，”波特大胆地说，“这场战争真正的英雄不是加西亚将军，而是罗文中尉，那个把信送给加西亚的人。”儿子的话让哈伯德的心为之一振。

于是，哈伯德一挥而就，写成《致加西亚的信》，并印刷出版。直到最后，要求加印的订单越来越多，哈伯德才注意这篇文章。

要求加印的订单越来越多，杂志社渐渐应付不过来了，看着这些飞奔而来的订单，哈伯德困惑不已，他问道，为什么人们会对这一期的杂志如此感兴趣。当他知道，所有的这些订单都是冲着那篇为了补白的关于罗文的文章时，他惊讶不已！订单 10 万份，50 万份，甚至 100 万份。最后，哈伯德不得不将重印的版权给那些订单数量极大的人，因为他的工厂的印刷能力有限，根本无法承担巨大的印刷数量。

为什么这么多人对这个不知名的安德鲁·萨姆斯·罗文中尉如此感兴趣呢？原因就是：每个人都在寻找像罗文一样的人！

1895 年，古巴，一个小岛，正在为摆脱西班牙的殖民统治而进行艰苦的斗争。侵占了古巴岛的西班牙士兵对岛上的人民进行野蛮的压迫和奴役，古巴人民急切地渴望获得自由。美国密切地关注着古巴，这不仅仅是因为古巴在地理位置上与美国是邻国，更是因为，美国在那里也有经济投资。

到了 1897 年，古巴的局势进一步恶化，导火索是古巴民族主义者和西班牙士兵在哈瓦那大街发生的一场冲突，引起了大规模暴乱。麦金莱总统派遣麦恩号战舰进驻古巴，作为美国政府在古巴境内的显著标志。

这艘停靠在哈瓦那港湾的美国战舰，鲜明地向西班牙政府表明，美国将全力保护其在古巴的利益。麦恩号战舰停在那里很可能是震慑敌人的，并没有进行过任何反对西班牙政府的军事行动。

然而，1898 年 2 月 15 日，哈瓦那的一次爆炸事件却击沉了这艘美国战舰。爆炸地点在离美国海岸不到 100 英里的地方，这次公开挑衅激怒了美国人民。麦金莱总统向西班牙政府下达了最后通牒：从古巴离开。

4 月，美国对西班牙正式宣战，最终，这场战争不但为古巴赢得了民族独立，同时，菲律宾群岛也获得了解放。

就在对西班牙宣战前夕，麦金莱总统会见了美国军事情报局局长阿瑟·瓦格纳陆军上校。麦金莱总统问：“我在哪儿能找到一个可以帮我把信送给加西亚的人呢？”古巴起义军与美国的合作是这次战役成功的关键，因此，快速和起义军首领克里斯托·加西亚将军取得联系就显得至关重要。

加西亚将军正在古巴小岛的某一个地方。那时候，他正在为争取民族独立在古巴丛林里带领他的起义队伍和敌人作战。西班牙军队对他恨之入骨，但没有人知道他具体在什么位置。

但瓦格纳上校却毫不犹豫地对总统说：“华盛顿有一位年轻军官，名叫罗文，中尉军衔，这个人可以帮您送信。”

一个小时之后，瓦格纳上校站在罗文面前，对他说：“年轻人，你现在必须去给加西亚将军送一封信，他可能在古巴东部的某个地方……你必须自己安排这次行动，所有的任务只靠你一个人去完成。”然后，瓦格纳上校一边和罗文握手，一边重复说道：“一定要把信送到加西亚将军手中。”罗文接过信，一句话也没说，就开始了寻找加西亚的旅途。

罗文不但将信送给了加西亚将军，而且还给麦金莱总统带了回信。罗文当时并没有问：“他在哪里？”“他长什么样？”“怎么跟他联系？”“怎样能到那儿？”他只是接受命令，完成了他应该做的。

在我们中间有像罗文一样的人吗？我们当中有不问上司任何问题就能把信送给加西亚的人吗？有没有不需要老板指导，就能很好的完成工作任务的人呢？如果没有，那么，这位老板恐怕就要自己做了。

是否有这样的人，如果让他去完成一项任务，等到下一次再见到他的时候，他会说：“那项任务，我已经完成了，还有其他需要我做的事情吗？”

我们在哪儿能找到像这样的人呢？

他在哪里？

我能找到一个能把信送给加西亚的罗文吗？

有这样的人，但是不多。可能现在就有像罗文一样的人正在阅读这篇文章。总有一些人会非常优秀，优秀就意味着非凡。这些人不仅仅会做别人要求他们做的事，他们还会超出别人的期望，有更高的追求。100 多年前阿尔伯特·哈伯德写就的文章，听起来就像今天刚刚写的，难道不是吗？

100 多年以来，人们并没有发生多大变化，不是吗？每当我们交给他人一项任务时，他们总会问我们一大堆的问题，于是，我会立刻对自己说：“这个可怜的家伙不能把信送给加西亚。”

能把信送给加西亚的人很少。大多数人都只满足于平庸，即使达到的仅仅是平均水平。对于这种思维状态，我很不理解，我也无法理解这种满足于平均水平的范例。只有你决心成功，你才会获得成功。你将会获得成功，因为你选择了生活而不是生活选择了你。我们是在为自己选择，你可以选择“得过且过”的生活，也可以选择一种完美的生活。

我想起了《圣经·马可福音》中的一个故事。经过一段艰难的长途跋涉后，耶稣和他的门徒又累又渴。耶稣走到一棵漂亮的无花果树前，因为树上没有果实，耶稣就诅咒了这棵树，结果第二天，当他们又一次从这棵树旁经过的时候，他的门徒发现，这棵树已经枯萎死掉了。

最近，当我又一次读到这则故事的时候，我注意到了一些在以前的阅读中没有注意到的东西。这篇经文说，那棵无花果树没结果实，是因为当时不是结果实的季节。很明显的，我不禁要问："上帝啊，你不觉得你对这棵树的惩罚太过严厉了吗？要知道，在那个季节不结果实是很正常的！"

当晚凌晨两点，我从床上坐了起来，因为上帝在对我说话，他说："如果你所做的一切都是顺其自然地来临，那么人们就不会记得我了。"

上帝不希望我们只做那些自然而然的事情，不希望我们只是做觉得方便或舒适的事情，他希望我们能有所超越。对我们来说，顺应自然就意味着平庸无奇。平庸是上帝希望我们最后做的一件事。

耶稣常常用那棵无花果树的例子来告诉我们：他希望我们做什么。他希望那棵树不但能够多产，而且要一年四季都结果实。

如果我们有能力做得更好，为什么还要选择平庸呢？

如果你可以在一年中的某一天结出果实，那为什么不充分利用这 365 天呢？

为什么我们只能做别人能做的事情，而不能有所超越呢？

没有人能通过只做自然而然的事就赢得奥林匹克的冠军。那些得了金牌的运动员必须要打破已有的记录。我厌倦了平庸，我跟哈伯德写下面这些话时有一样的感觉：

最近，我们听到了许多人对"在血汗工厂中被蹂躏的工人"和"无家可归的寻找工作的人们"表示同情，并且把那些身居高位的人骂得体无完肤。

但是，关于那个雇主尽其一生的努力都不能让那些懒散的饭桶做有意义的事情，却没有人说一句话，也没有人提及他长期耐心地努力去感动那些只要他一转身就会投机取巧、游手好闲的员工……我是否说得过于严重了？可能如此。但是，就算整个世界变成贫民窟，我也要为成功者说几句同情的话……我敬佩的是那些不论老板在还是不在都会坚持工作的人。当你交给他一封致加西亚的信时，他会立刻接受，并不会问任何愚蠢的问题，更不会随手把信扔到水坑，而是全力以赴地把信送到。这样的人永远不会被解雇，也永远不会为提高工资而罢工。

文明，就是为了焦心地寻找这种人才的一段长远过程。这种人不论想要任何事物他最终都会得到。

他在每个城市、村庄、乡镇——在每个办公室、商店、工厂，都会受到欢迎。世界上非常需要这种人——能把信送给加西亚的人。

永远不要说别人对你的期望超过了你对自己的期望。如果别人在你的工作中挑出了错误，那正是你不够完美的地方，你也不需要找任何的借口。承认你没能做得最好吧。

不要试图为自己辩解。当我们能够变得优秀的时候，为什么要满足于平庸呢？

我已经厌倦了听人们说对自己没有更高的要求，那不是自己的性格。他们还可能会说：“我的性格跟你不一样，我没有你那么敢作敢为。那不是我的天性。”

对于这些人，我的回答是：“改变。”真的，这只是个决心问题，下决心改变它吧！

在《圣经》中，有一篇是关于“优秀”这个主题的意义非常深远的文章。

《马太福音》中说，有一个人准备去旅行，临走之前，他把所有的仆人召集起来，把自己的财产委托给他们保管。《圣经》上说，他给第一个仆人5个塔兰特，给第二个仆人两个塔兰特，给第三个仆人一个塔兰特，他是根据每个人的能力来分配的。得到5个塔兰特的人用分得的塔兰特去做生意，结果又赚了5个塔兰特回来；同样地，分得两个塔兰特的人也赚到了另外两个塔兰特；只有那个分到1个塔兰特的人将主人的这枚钱埋了起来。

过了一段时间，主人回来了，他跟这些仆人算总账。分得5个塔兰特的人把他赚得的另外5个塔兰特也带来了，主人说：“做得好，你是个优秀、

忠实、可靠的人！你以前掌管的事太少，从今天起，我会让你掌管更多的事情。现在就来和我一起分享快乐吧！”

然后，分得两个塔兰特的仆人也带着自己赚来的另外两个塔兰特来了。主人说：“做得好，你是个优秀、忠实、可靠的人！你以前掌管的事太少，从现在开始，我会让你掌管更多的事情。现在就来和我一起分享快乐吧！”

接着，分得 1 个塔兰特的人进来了，他说：“主人，我知道你想成为一个强人，想收获没有播种的土地，收割没有撒种的庄稼。我很害怕，于是就将你的钱埋在了地下。现在，我把它还给你。”

主人听后说道：“你是个既缺德又懒惰的人！你既然知道我想收获没有播种的土地，收割没有撒种的庄稼，那你就应该把钱存在银行里。这样，等我回来的时候我就可以得到属于我的本钱和利息。”

因此，你可以从一个人那里拿一个塔兰特，送给有 10 个塔兰特的人。那些拥有越多的人，你给他们越多，他们就会越富裕。但是，那些贫穷的人，他们甚至会连自己现有的东西都丢掉。

这个可怜的仆人原以为自己会得到主人的赞赏，因为他没有弄丢主人给他的那一个塔兰特。他认为，自己没有弄丢或者输掉这枚塔兰特，就算已经成功地完成了主人给自己的任务。

然而，他的主人却不这么认为。他希望自己的仆人能够优秀一些，而不是只做那些顺其自然的事情，他希望他们能够有所创造，他希望他们能够超越平凡。其中有两个仆人做到了——他们把主人给自己的东西的价值翻了一番！而那个愚蠢的仆人的想法就是“得过且过”没有任何作为。

在我的一生中，碰到过许多持这种态度的人：“只要我把那些我不得不做的事情做完就可以了，我不打算把每件事都做得尽善尽美。”

你怎么对待自己被赋予的一切呢？你周围的人做多少你就做多少吗？你的想法和那个愚蠢的仆人是一样的吗？

沃纳·冯·布劳恩是美国国家航空航天局空间研究开发专案的主设计师，也是阿波罗四号专案的主设计师，他说这项计划关系到萨特恩五号火箭，这项计划是用来推动太空船的。布劳恩说：“萨特恩五号有 560 万个部件，即使我们有 99% 的把握，我们仍然可能会出现 5600 个缺陷。不过，阿波罗四号计划在进行演习时，只发生两次异常现象，这就说明其可靠性是 99.999%。如果一部由 13000 个部件组成的汽车具有同样的可靠性，那么，它的第一块有缺陷的部件出现也将是在大约 100 年后。”

为什么我们的汽车不能造得和萨特恩五号火箭一样精准呢？因为美国国家航空航天局把萨特恩五号火箭放在了一个比汽车工业更高的标准上。我们应该向美国国家航空航天局学习。

上帝期望我们追求完美——为自己设定一个高于他人的标准。

我们希望你问问自己：“我能把信送给加西亚吗？如果有人告诉我他藏在古巴丛林的某个角落，我能把信送到他手中吗？如果我不知道他长得什么样，不知道去哪里找他，我能把信送给他吗？”

如果你一心只想成功，那么，就会找到成功的道路。如果你下定决心成功，那么就一定会成功！

我们现在都变成借口专家了——总是为我们不能做决心去做的事找原因。

我们为什么就不能默默地接过一份工作，然后把它完成得尽善尽美呢?

人们总是告诉我他们不能完成这项工作的各种借口。

去做一个像罗文一样的人，下定决心，做出选择吧!

也许有些事情会拖累我们,前行的道路上,我们可能会陷入困境。有时候，即使知道自己陷入了沼泽地，但还是不得不匍匐前行，直到完成。有时候我甚至怀疑，自己还能否走到别人前面去。但是，我不会停止。

我不会轻言放弃，放弃不是我的选择。

我一定会完成摆在自己面前的任务。在我生活的每一个领域，我都要求尽善尽美。

即使跌倒了，我也要重新爬起来。我会抖落尘土，给自己一些压力，直到取得成功!

上帝，请赐予我们像罗文一样的人吧!

如果有人让我给加西亚送信，我知道我一定能送到。你可能会认为我在自吹自擂，事实上这并不是自吹自擂，这是自信。

我知道，如果你给我一封信说：“把它送给加西亚。”我一定能送到。

我也想让你送一封信给加西亚，而且要做到最好!

如果有人说你一生都不会取得成就，你千万不要相信这些谎言。别人告诉你的消极的想法根本就无关紧要。

要下定决心！成功等于1%的灵感加上99%的汗水。

只要你努力，就一定能成功。你愿意下定决心出色地完成任务吗？把信送给加西亚，你准备好了吗？

在我办公室的墙上悬挂着这样一条匾额：

卓越就是比别人想得更多，冒更多的风险，有更多的梦想，经历更多的磨难。

选择一份完美的生活，努力达到目标，做自己想做的梦，你会成功！

把信送给加西亚！

第四章
它说明了一切

对一个管理者来说，《致加西亚的信》能够给自己的员工传达一些重要的启示。

——威廉姆·亚德利

杰布·布什当选州长那天，他在一本小硬皮书里签上了自己的名字，并且把他送给了自己的新任助手。

这本书只有支票簿那么大，又窄又小。这本书就是《致加西亚的信》。它现在还放在弗兰克·布洛根办公室里的一张茶几上。布什的签名上面有这样一句话："你是一个信使！"

大家都知道，布洛根后来真的成了布什政府行政部门其中的一个信使。

有几个月的时间，政府新闻机构的职员在墙上钉了一张纸，要求所有读过《致加西亚的信》的人在上面签上自己的名字，到今年春天，这页纸上已经签满了人们的名字。

布什在最近的一封电子邮件的回复中写道："我把它献给那些在政府建立之初与我们携手并肩的人们，我在寻找那些能把信送给加西亚的人，让他成为我们队伍中的一员。那些不需要其他人监督、果断而正直的人，就是可以改变历史的人！"

事实上，《致加西亚的信》只是一篇仅有 24 个段落的文章，它的封面和装订都很简单。

《致加西亚的信》在1899年首次出版，文章叙述了勇猛无畏的中尉安德鲁·萨姆斯·罗文在1898年进入古巴，为加西亚送信的经过。

美国很快要向西班牙宣战，麦金莱总统派罗文去寻找加西亚将军，加西亚是古巴反对西班牙统治的起义军首领。

罗文没有问他怎样去，在哪儿能找到加西亚，接过信就出发了。他找到了加西亚，并返回华盛顿，向麦金莱总统汇报了起义军的力量和位置，以及西班牙军队的情况。

在开战前夕，这些情报是至关重要的。

报纸热烈赞扬他为完成任务不惧艰险的精神，罗文一下子声名远播。

在这个故事的启迪下，纽约北部的一个印刷商就这个故事写了一篇文章。于是，这篇文章就成了世界上销量最好的出版物了，它成了老板们激励员工的素材。一个世纪以后，它又成了布什总统和他年轻的共和国将领们的生活信条。

这位出版商和评论家阿尔伯特·哈伯德这样写道：

“我想说的是：威廉·麦金莱总统让罗文把信交给加西亚的时候，罗文接过信，连一声“他在哪儿”都没问，便出发了。”

“像罗文这样的人，他的形象应该被雕塑成永垂不朽的铜像，矗立在每一所大学的门前。”

“它不是年轻人从书本上所学来的，也不是各级各类教育机构拟定的政策，而是让我们的意志变得更加坚强、信念更加坚定、行动更加迅捷、精力更加集中的精神——‘把信送给加西亚’。”

他们不会将这段短语当作军歌一样传唱。不过，布什的信息部长贾斯廷·赛非却说：“新闻机构里的每个人都应该阅读一下这篇文章，这会是一个很好的指导。我通常就用这个指导自己：在完成任务时，不要陷进障碍的泥沼。要独立自主地完成任务。所有的高级官员都应该阅读这篇文章。”

那么，杰布·布什又是如何读到《致加西亚的信》这本书的呢?

肯·瑞特是奥兰多的一名律师，他曾经为布什和他已离任的前总统父亲工作。1998 年，在布什竞选州长的时候，瑞特把这本书送给了布什。

瑞特在文章中这样写道：“我从不允许抱怨。我的人生准则就是：如果你拥有了一份工作，你就要为这份工作全力以赴。”瑞特准确地回忆了自己当时给布什推荐这本书时的对话：

“我把这本书给杰布，杰布说，‘我真的对这些新世纪的东西不感兴趣。’”

“于是我对他说，‘杰布，读一读这本书，它只需要占用你喝一杯咖啡的时间。它不是新世纪的东西，它和我们国家的历史一样悠久。’”

“当我再碰到杰布的时候，他告诉我他已经读过这本书了，正如我所预料的，他对我说，‘这本书太厉害了，它说明了一切！’”

第五章

我们应该向罗文学习什么——勤奋

不管你正在做什么，只要热心，不断地做下去，迟早是会有收获的，我们应该坚定信心。如果你在这某个阶段贸然停下来，就无法喝到几乎要从吸筒里流出来的水了。

要想收获，必先付出

两兄弟都是园丁，他们共同继承了一块土地，平分耕种，他们的感情很好，一起分享所有的东西。

其中一个叫约翰，他对什么都好奇，且具有演讲才能，自诩为伟大的哲学家。所以，他终日研读历书、观测天象、风向标和风。不久前，他的旷世才情使他异想天开，想探究为什么一粒豌豆能很快产出几百万颗豆子来；为什么可以长成参天大树的菩提树的种子竟然比只能长两尺高的蚕豆种子要小得多；又是哪股神秘的力量使得偶然撒播在土里的蚕豆，能找到合适的位置，生根发芽呢？

他为此冥思苦想，为这些疑惑不能解开而郁闷。他忘了给园子浇水，菠菜和莴苣都枯死了。没有保护起来的无花果树也经不起寒风的侵袭被冻死了。

他没有把水果拿到市场上去卖，腰包里也没钱了。这位穷困的“哲学家”，不得不向他的兄弟求助。

而他的兄弟，每天天刚破晓就下地劳动，还时常引吭高歌。他给果树嫁接，为园子里的每株植物浇水，从桃树到小葡萄丛，每一株都不落。对那些自己不理解的奥秘向来不费脑筋去冥思苦想。为了有个好收成，他不停地耕种。结果，他的园子繁茂似锦，水果和钞票都有了。当约翰诧异地前来取经时，他的兄弟却对他说：“兄弟，我注重劳动，而你注重思考，你说谁更能获利呢？你在冥思苦想时，我却在享受生活，你说哪一个更聪明呢？”

如果你朝着学习的方向努力，那么，学习的机会就会好像也在向你扑面而来；如果你朝着健康的方向努力，那么，如何促进健康的各种信息就会朝着你接踵而至。能意识到这一点非常关键，只要一个人开始朝自己希望实现的目标努力，那么，他会发现生活中千真万确地存在着这种神奇的现象，他会发现生活总是乐于回报那些执著的追求者。

我们从生活中获得什么样的报酬，完全取决于我们所贡献的质量与数量，《圣经》、科学家、心理学家和企业家都指出了这个观念。“有播种，就有收获”，“从工作中可以认清一个人”，“种瓜得瓜，种豆得豆”，“对于每一项行动，都会产生一种相等但对立的反应”，“天下没有免费的午餐”。

你想得到财富，先得付出努力。收获不会凭空而降，不劳而获的事如徒然的空想，永远不切实际。你若要喝水，就得用力打水。

我们有时需要使用一些道具来演示，就是一个老式的镀铬吸筒。希望你最好有机会用一下这种老式吸筒，那会给你带来难忘的经验。有一次，我们这本书的作者哈伯德先生的两位朋友巴那德与吉米在8月份的大热天里到亚拉巴马的丘陵地开车。他们口渴了，巴那德找到一所废弃的农舍，碰巧院子里有吸筒。他跳出汽车，跑到吸筒那里，抓起手柄就开始打水。

打了一两下以后，巴那德指着一只旧木桶，要吉米到附近溪里取一点水来灌吸筒。因为所有打水的人都知道，必须在吸筒的上面加一点水来装填吸筒，打水时水才会顺利出来。

唯有工作，唯有勤奋地工作才可以帮助我们实现所有的梦想，包括成为一个合法致富的富人。

在生命的旅程中，在你得到东西之前，也要先放进一些东西。遗憾的是，许多人会站在生命的火炉前，说道：“火炉，请给我一点温暖，然后我给你加进一些木柴。”

员工往往会跑到老板那里说：“给我加薪，我就会做得更好。”推销员时常到老板那里说：“把我升为销售经理，我就会变得能干，虽然我一直没有做出什么。不过，一旦给我职位，我就能做得更好。所以请让我当主管，我会做出好成绩。”

学生往往对老师说：“我若把这学期不良的成绩带回家，父母就会惩罚我。所以，老师，如果你这学期给我好成绩，我答应下学期会努力用功。”

农夫祷告说：“如果让我今年丰收的话，我答应明年会好好耕种。”总而言之，他们说的是：“给我报酬，然后我会工作。”

可惜生命并不是这样运行的，在你期望得到东西前，必须付出努力才行。现在，如果你把这种知识应用到其他方面，就能解决许多问题了。

农夫必须在秋季收获之前，先在春季播种，夏季锄草，付出辛苦和汗水；学生在获得知识与毕业文凭以前，也要付出10年的寒窗苦读；员工想成为经理，也要花相当多额外的时间工作；运动员想要赢得金牌，要流许多汗水，甚至泪水，要埋头苦练才行；推销员想成为推销经理，也要先懂得装填吸筒的原理。

让我们再回到哈伯德先生的故事里，回到亚拉巴马州吧，这里的8月天相当热，巴那德打了几分钟以后，已是大汗淋漓。此时他开始问自己，为了得到水到底该做多少工作才合算。他关心他所花费的努力能换回多少报酬。过了一会儿，他说：“吉米，我不相信这口井有水。”吉米回答：“会有的，巴那德，亚拉巴马州的井都是深井。深井都有甘甜、纯净的水。”吉米是在谈论人生，难道不是吗?

到现在为止，巴那德已经疲倦至极，甚至不耐烦了，他停住了手，说:“吉米，这口井没有水。”吉米很快地跑过来，抓住吸筒的柄继续用力地打水，说:“现在不要停，巴那德，如果你一停止，水将往下倒流回去，那你就要从头开始。”这也是人生的故事。不管性别、年龄或职业，没有一个成功的人会因为那里没有水，就觉得最好停止打水。

你无法从吸筒的外部看出，到底还要再抽多少下，才有水流出来。在生命的路途中，你也无法看出，到底哪一天会有重大的突破，或者还要一星期、一个月、一年或更长的时间才能获得成功。

不管你正在做什么，只要热心，不断地做下去，迟早是会有收获的，我们应该坚定信心。如果你在这某个阶段贸然停下来，就无法喝到几乎要从吸筒里流出来的水了。幸运的是，一旦水流出来，只要再轻轻地压，便能得到你要的水，这也是生命中成功与快乐的故事。

不管你正在做什么，都要以正确的态度与习惯来工作，最重要的是，你应该不屈不挠地继续下去才行。常常是仅差那么一下子，水就能流出来，成功与失败的甘苦往往也只是一线之隔。不管你是医生、律师、学生、家庭主妇、工人或推销员，一旦你打出水，就可以用更少的力气，而水会不停地流出来。

不管你是男性或女性、过胖或太瘦、外向或内向，不论你是信天主教、犹太教还是基督教、佛教，都是一样。你有权利凭着热心和努力去得到想要的一切事物。

当你迈向高峰时，要记住吸筒的故事。如果你在开始时仅偶尔为之，或未尽全力，那么你必然一直在那里耗下去，而不会有任何结果。

千里之行，始于足下，无论做什么工作，首先要把自己的事情做好，从每一件事做起，努力工作。因为大家都知道“不积跬步，无以至千里”的道理，所以，我们要一步一步地做事，一步一步地向目标前进。记住：要想收获，必先付出。

付出比 回报更重要

工作挣钱，似乎很有道理，但时时刻刻都把眼睛盯在钱上，往往被短期的利益蒙蔽了心志，使我们看不清未来发展的道路，结果使得我们即使日后奋起直追，振作努力，也无法超越。

英国著名科学家法拉第想进皇家科学院工作，知情人告诉他：在那里，工作是十分劳累的，报酬却很少。法拉第毫不在意地说："工作本身就是一种报酬"。

有两个年轻人柏莉和艾里斯，他们两人都不愿意自己是公司的牺牲品。

"我才不让他们逼得我团团转！"柏莉在工作几年后说。

艾里斯当时的态度也和柏莉相似。"我是我自己的老板，"他扶一扶领带说，"这个地方可不是我的全部。"

关于他们思维的过程，我们做了以下简短的摘要：

第一步：我需要钱。

第二步：我应该值更多的钱。

第三步：可是，他们是不会再给我更多钱的。

第四步：因此，我要减少我的工作量。

这些言论都很坦白，也许，大多数人都认为这种逻辑不但合理而且是正当的；就如春去秋来、四季往复一般，这种想法也是一步接一步的。而主要问题在于这不是一种简单的直线型想法，而是一种循环式的想法，因为这四个步骤无可避免地导致——

第五步：现在我需要更多的钱。

也就是说，一旦对工作由漠不关心转变成习惯性的敌意后，他们能从工作获得的满足就会越来越少，与此同时，牢骚也会越来越多，公司给予的回报当然也越来越少。

这样的恶性循环使艾里斯和柏莉心理愈发不平衡了。他们将工作视为浪费生命又不能得到更多的报酬。唯有不工作的时间才有可能是快乐的来源。一想到要浪费任何休闲时间，他们就会感到沮丧，对工作彻底失去兴趣，更别提勤奋工作了。可以想象那些投入工作而最后终于表现杰出的人，他们的情形和我们说到的这两位正好相反。

实际上，艾里斯和柏莉在就业后的 10 年中，只是反复地在这 5 个步骤上打转转，对工作不满的程度逐步增加，但是，这样激烈的社会里，他们并不敢轻易放弃目前的工作，而去寻找他们认为能挣到更多的钱的工作。

事实上，像柏莉和艾里斯这样的年轻人大有人在，他们总是要求的太多而付出得太少。

哈伯德先生曾主持过一个“制订生活目标”的讨论会，他安排了一个叫做“如果我能从头再来”的写作会。这个写作会的目的，是要人们去考虑，我们为什么以及如何去思考实现某些梦想。每一次这种写作会结束后，哈伯德都会很惊讶地发现，许多人在真诚地检讨时都会承认他们目前所从事的，并不是他们真正想要做的工作。

在有些人看来，最重要的是必须有钱才能过理想的生活，这是他们的目标，但他们的工作态度却正好相反。也就是说，他们因为需要钱，因此便想得到钱，至于他们是否应得到那么多钱，却是不在考虑之内的。通常，他们都很自信地认为自己应当得到更多才对。既然待遇不够理想，他们就用一个办法来扯平——不必那么辛苦、勤奋地工作，这样虽然可能无法改变收入，却可以减少投入工作的精力，这样也许会让自己心理平衡一点。

艾里斯及柏莉之所以陷入这种恶性循环，与他们不正确的金钱观和工作观有关系。

刚走上工作岗位时，艾里斯和柏莉并没有表现得过于热衷于追逐金钱，以便能与同事打成一片，然而现在情况不同了，眼见着物价飞涨，房价飞涨，没有钱怎么过上好日子？他们感到矛盾，于是就作了转变——突然变得除了钱以外没有兴趣谈别的。正如在学校时，只要谈到成绩他们就感到不安，而在开始工作后，谈到钱却很可能使他们变得狂热。

毫无疑问，我们中大多数人都无法享受到早先所预期的生活方式。尽管有些人还常常得到家里的部分经济援助，但是他们距离早先所想象的物质生活景象似乎已遥不可及了。他们经常会与同龄人相比，如果物质生活方面比不上人家，当然就会觉得沮丧。因此，由于个人经济情况不佳引起的挫折，也就逐渐地困扰着他们。糟糕的是，短期内这种情形仍然无法改善，成为富人，过更有品质的生活更加遥不可及。

还有一件比金钱更令他们心痛的事，那就是无法避开“钱”的话题。虽然他们已学会如何忽视每个人所追求的目标而与大家相处，但是现在却再也不能忽视钱的问题了。你可以很容易地将你的工作成绩置之度外，因为到底考试和报告都只是短暂的事情，但是金钱可就是恒久的需求了。就如同柏莉所说的：“在这个都市里你若没有钱，哪儿也别想去。”这在不久便使他们体会出一个令人感到很不舒服的新真理：赚钱是一个孤独又痛苦的工作。

越来越多的人离开家乡，到大城市谋求发展。他们可以利用薪水来想办

法解决这种孤独感。除非了解他们过去生活中欠缺的是什么，否则是无法明白他们在开始工作的头 10 年内，强迫自己适应社会的情形。在学校里，他们赚到的是成绩，但是为了与一些老朋友亲近些，成绩可以放在一边；工作之后他们赚的是金钱，钱非但不能弃之不顾，而且可以花钱接近一些新朋友。

越来越多的人认为没有必要热衷于自己的职业，并为之付出辛苦和汗水，而且想要在职业中获得满足真是太奢望了。在做员工调查的时候，最常听到的是：“我要求的只是一个不太枯燥而待遇适当的工作。”不过，受过大学教育的学生，不论在学校或毕业后所需要的都不只这些。他们不是只想找一份工作，他们要的是事业，是一个能满足自己成就欲望的职业。这目标对他们来说意义重大，事实上比他们想象中还要重大。

每一个人的工作，就是自己给自己画的一幅画，是美丽还是丑恶、可爱还是可恶，都是自己一手造成的。我们每个人的细微表现，都会在这幅画上有所体现。为此，与其整天抱怨自己的工作，不如以一颗平常的心态去对待你的工作。你的付出，终究会获得丰厚的回报。

与其抱怨薪水太低，不如好好干

对于一个刚刚涉入职场的人来说，最宝贵的特质之一，就是工作中永不抱怨。它是未来成功人士必备的人格特质，是赢得公司信任的关键。进入职场以后，也许你所面对的只是一些简单的或是艰苦而单调的工作。你可能对这些工作毫无兴趣，然而这正是考验你的时候。

我们可以把与柏莉和艾里斯一样的年轻人的经历划分为三个阶段。

第一阶段，这两个年轻人开始工作后，立刻就明白他们需要钱才能过理想的生活，在以前他们并不是如此。学生时代他们采取的方式和大多数学生相同，有多少钱就过多少钱的生活。那时候，收入的差距并不会使彼此之间产生太大的隔阂。但开始工作后则不然，收入的差距使人产生了距离。学生时代娱乐及服装都很便宜，大家对于金钱也都只是有起码的要求，因此只有少数学生认为，拥有较多钱财是改善自己未来生活的前提。

一旦他们开始工作，看法就马上改变。起初两年中，他们发现了要打入适合的社交圈，最急需的就是钱。艾里斯在就业第二年说：“我的公寓房子实在太简陋了，每一次想带较有身份地位的客人回家，都会觉得很难为情，但我现在就是没有能力改善。”柏莉也表示同意。她在毕业3年后说：“这年头你得有钱才能去滑雪，才能够认识你真正想结交的人。”当然，结交一些人，也许会改变你的命运。

追求完美的工作，并不是想象中的那么容易，然而至少他们现在了解为什么失败——并非他们没花时间或没有兴趣，他们已尽一切可能也愿意更进一步去寻求。事实很明显，罪魁祸首就是“钱”。显然他们并不是很富有，这要怪谁呢？又是什么阻碍了他们取得发展声望所需要的资金呢？那当然是他们的工作。他们把一切问题都归罪于工作，于是就进入了危机的第二阶段。至此，他们不但有一个明显的问题存在，同时也知道原因所在了。

这个发现自然也影响了他们对雇主的态度，更加倍扩大了对公司的不满。他们对工作已经缺乏激励性和吸引力。他们将工作视为追求一切理想的阻碍，最后终于变得憎恨公司了。

艾里斯在开始第二个工作4年后将工作形容为“陷阱”、“监狱”和“一个使我无法享受自我成就的苦差事”。柏莉也表示了类似的看法：“这是什么工作？什么也不是！既没乐趣也没有升迁机会可言。”若把这种抱怨的现象归咎于选错了工作，只要换换公司甚至另选行业就能弥补过来的话，那就大错特错了。事实上，他们换工作的次数远比别人高得多。在他们开始工作之后的头16年里，每个工作平均只干了25个月。而有些人换工作的频率可能更高。

我们当然不是有意指责换工作这件事。有的时候，改变工作是相当值得的。但是，除非我们了解艾里斯、柏莉这些人对于工作的态度以及为什么会产生这种态度，否则他们不会明白改变工作为什么对他们毫无作用。其实他们自己也了解，不管换过多少工作，问题似乎一直伴随着他们。

艾里斯及柏莉从第一阶段发展至第二阶段，出现这一问题（从钱太少到责怪别人）的过程也许并不重要，不过在这个事例中，就好像过河拆桥，无退路可走似的，因为他们开始轻视唯一可能解决他们苦闷的事——工作。

艾里斯在工作 7 年后说：“这公司根本不懂质量！”他以此为借口，开始放松自己对工作的严谨态度。4 个月后，他又换了一家公司。同样的，柏莉也将公司嘲笑了一番，她在毕业 8 年后说：“我待在这儿实在是浪费，这些人只会做垃圾生意，我甚至不应该将宝贵的时间放在工作上。”

这两个人刚开始工作时，都没有能够和工作真正融合在一起。虽然他们起初都说希望有个事业并且也有心要发展事业，但最后他们所有的只是一份工作而已。

他们与工作之间的距离倒使他们产生一种或许有用的观点。不像那些一味埋头工作的人那样见木不见林，看不清全局，柏莉与艾里斯却是远远置身于工作之外，一直把注意力集中在长远发展上。“我有个伟大的计划！”艾里斯常常这样说。他常为一个他认为能使他一夜成名的计划而费尽心力。柏莉也一心一意要找出一个能迅速爬上晋升之梯的方法。基本上，他们视工作为麻烦事，希望能尽快地解决掉，并且认为：唯有找出一个能战胜制度的方法才能同时解决所有的问题。

他们将注意力转移到服装上面，这实在是一个很迷人的转变。起初我们假设：失去工作兴趣的人在穿着上都会有渐趋懒散的倾向，但艾里斯和柏莉却并非如此。相反，愈是对工作不关心，他们愈是注意穿着，他们认为：穿着是通往成功的秘诀。艾里斯不只一次地说："对我来说，注意这方面是很重要的。"而柏莉更常说类似的话。

给人一个良好的印象是很重要的，问题是他们俩除了服装之外就没有其他条件可支撑他们了。私底下，他们承认已不再对办公室的日常工作感兴趣，但却急着想要获得升迁及加薪。若无法用工作表现来争取，就只好以服装来取胜。艾里斯甚至学会有技巧地放松领带，他说："只要稍稍放松一点，看起来就像我正忙得不可开交似的。"

前面我们讨论有害工作的三个阶段中的前二段，看起来似乎有些沮丧，不过第三阶段却是令人振奋愉快的。艾里斯和柏莉当然不会年复一年地只是舔着自己的伤痛。他们决定正面迎接第三阶段危机的挑战——打击制度。

有时候，他们盘算着要如何打击制度，都会觉得愉快万分。柏莉吹嘘道："我可以预知老板什么时候要来，他来时总是看见我在忙着。"她开心地笑起来。接着又说："有时候我真想放个机器人在我的椅子上，老板经过时能够骗住他，然后我自己溜到海边去玩儿。"

艾里斯也想出了一个刺激的小把戏来达到打击制度的目的。公司在银行为他开了一个专为支付出差费及应酬的账户，允许他每星期两次带客人到附近餐厅吃饭，当然公司是希望他宴请有生意往来的客户。艾里斯在 3 月份骄傲地说："今年到现在为止，我请的没有一位是客户，也没有人查我的账户收据，我只需在信用卡签单上填入适当的名字就成了。"

30 岁以后，他们开始公开地谈论要如何在管理层中求得一席之地。"从前我无法作此要求，"艾里斯 32 岁时说，"我那时看起来太年轻了。"柏莉也觉得她已经到了可以开始要求管理工作的年龄了。"你晓得，我在这儿也有好一阵子了，"她说，"我也该有资格作此要求了。"对于这点，他们的看法很简单，年资就是晋升的资格，工作了 10 年之久，现在已够格晋升到管理阶层了。然而，尽管他们极力游说并且在外表上下工夫，在接下来的 10 年内，却几乎没有任何适合他们的升迁机会，于是他们更多地抱怨。于是，他们一事无成。

他们是真的错了，与其抱怨薪水太低，还不如好好干，这才是真正的真理。

所以，如果你怀才不遇的时候，不要抱怨，或者在本单位寻求施展才能的机会，或者换个环境，找到适合自己的位置。发牢骚百害而无一益。"牢骚太盛防肠断，风物长宜放眼量"，确是有识之论啊！

不要学
那头耍诈的驴子

谁也不会信任不忠诚的人，不忠诚的人是得不到别人的信任的，这对他们来说是相当危险的事。欺诈是最大的敌人，因为欺诈，你将失去与人长期相处的可能，更不能获得老板的依赖和重用，自己的发展和成功也就只能是白日梦。

有个盐贩，每天都赶着他的驴子，到海滨去批购盐货回来贩售。

在他往返海滨与家的路上，会经过一条小河。

某日，当盐贩像往常一样牵着驴子买盐回家，路经这条小河时，这只驴子一不留神，竟踏空了一步，跌到河里去了！

驴子背上驮着盐，在它跌到河里去时，盐被河水溶化了不少，因此当它从河里爬上岸的时候，它立刻感觉自己的负担减轻了许多！

不过，盐贩见到自己的惨重损失，当下决定马上返回海滨，重新购入比先前更多的盐。有了这样的经验，这一回，当盐贩与驴子又一次从海滨行经这条小河之时，这只驴子便使出诡计，故意让自己在同样的地方，再度跌入河中。自然地，它背上所负的担子，又如愿减轻了。于是，驴子忍不住自鸣得意……

但这时，盐贩看穿了驴子的计谋，并将计就计，又重新赶着这只驴子到海滨去。可是这回，他买的不是盐，而是一大包海绵！

在驴子第三度走近小河时，丝毫未察觉任何异状的它，又故技重演……

这一次，盐贩放在驴子背上的那一大包海绵，不但完全无法溶于水，反而还在河里吸满了水，使得从河里上岸的驴子，得担负起比原来更多的重量！

还有一个关于驴子的寓言：

某日，一头驴子爬上屋顶，在那儿跳起舞来，且将屋顶上的瓦片，全都踏得粉碎！

驴子的主人看到这种情形，随即设法将他赶下屋顶，并顺手拿起一支粗棍子，重重地打了这只驴子一顿！

挨了打的驴子，忍不住语带呜咽地对主人说："昨天，我看到猴子这么做，你们大家都笑得很开心呀。怎么今天换成我，你们就生气了呢？"

这只驴子压根儿忘了：意欲以此博取主人欢心的自己，不是猴子……自己博取主人欢心的唯一途径就是勤奋的工作。

当面对诱惑时，最有力的支持来自于你自己，内心坚定的自制力是抵御诱惑的有力武器，它使人从无能为力的受迷蒙状态中解脱出来，恢复控制自我的能力，重新做自己的主宰。

专注于
我们的工作

“生活并不是缺少美，而是缺少发现美的眼睛。”现代雕塑家罗丹这样说。同样，在现代职场中，并不缺乏捕捉信息、抓住机遇的能力。

机会是不会花费气力去找寻那些浪费时间、偷懒的人。机会好像总是落在那些忙得无暇照料自己成就的人身上。就逻辑而言，机会应该会找那些时间充裕的人，但事实上，机会却是为那些有梦想和实施计划的人显现。我们总以为机会是活的，会动的，它会主动找到那些愿意迎接机会的人。事实上，刚好相反，机会是一种想法和观念，它只存在于那些认清机会的人的心中。因此，别去问老板为什么你没有获得晋升，而应该去问那个真正清楚的人——你自己。

世界上有许多贫穷的孩子，他们虽然出身卑微，却能干出伟大的事业来。

富尔顿发明了一个小小的推进机，结果成为美国最著名的工程师；法拉第仅仅凭借药房里的几瓶药品，成了英国有名的化学家；惠德尼靠着小店里的几件工具，竟然成了纺织机的发明者；贝尔用最简单的器械发明了对人类文明最有价值的贡献——电话。

美国历史上有许多感人肺腑、催人泪下的故事，主人公确定了伟大的人生目标，尽管在前进中遭遇了种种艰难险阻，但他们以坚韧的意志力最终克服了一切困难，获得了成功。

失败者的借口通常是："我没有机会！"他们将失败归结为没有人垂青他们，好职位总是让他人捷足先登。而那些意志力坚强的人则决不会找这样的借口，他们不等待机会，也不向亲友们哀求，而是靠自己的苦干努力去创造机会。他们深知唯有自己才能拯救自己。

发明火车的史蒂芬逊出生于一户穷苦的掘煤的人家。不过，自幼失学的他，却从小就对机械有着相当的热爱。17 岁那年，史蒂芬逊在一家煤矿场担任机师一职。

当上机师后的史蒂芬逊不但在自己每天的工作中，比以前更真切而详尽地领会了机械的构造与修理，而且，多年来，对于机械研究的喜爱未曾有消减的他，为了充实自己在机械理论方面的知识，还每天不辞辛劳地在自己一整天的工作结束后，前往夜校就读，从基本的阅读、写字、算术等科目学起。

某日，矿场里的一部机器突然无法运作，虽然每一位技师都竭尽全力地想方设法修好它，却始终无人查得出这机器的问题在哪儿。原本站在一旁观看的史蒂芬逊忍不住开口要求矿场主管："请让我试一试，好吗？"这位主管素知史蒂芬逊对机械的熟悉，便答应了他的要求。

史蒂芬逊走上前去，仔仔细细地先将这机器的每一部分拆开，再一项一项地轻轻为每个零件擦拭干净、矫正位置，之后，再依照次序，将它们一个个装回去……就在矿场里的每个人正屏气凝神、看得瞠目结舌之际，这机器开始运转了。为此，史蒂芬逊不仅被升为矿场的技师，也受到公司的倚重！

画家塞尚曾说过："你可能借机会获得一份好差使，但你却不能凭机会去确保它。"世上的事总是变幻莫测，而我们各方面的学识与能力，又是如此地微妙、有限。

在人生路上积极向前的我们，若想紧紧把握住人生中每一次难能可贵的机遇，无论是让自己更上一层楼，还是借此为自己的生活与生命，创造新的回转改变，都得时时刻刻充实自己，让自己拥有真金不怕火炼的真才实学才行。

大科学家爱因斯坦的故事总是能感动我们。1900年，爱因斯坦完成了自己的大学学业，之后很长的一段时日里，他没有找到任何与科学研究有关的专职工作，连一个小小的职位都没有……

直到两年后，爱因斯坦才经同学介绍，进入位于伯恩的专利局，担任一名处理及审核发明申请文件的小职员。尽管如此，爱因斯坦仍将自己工作之余的所有时间，全都用以研究自己最倾心的物理学！

爱因斯坦不仅从未对自己的处境感到沮丧，反而如此看待自己在专利局的工作，他说："以机关工作为本职的人，闲暇时通常以下棋、打牌等活动作为调剂身心的消遣。我的本职是科学，所以，当我疲于研究的时候，我就做做专利局的工作。这对我来说，是很适当的休息。"试想一下，如果爱因斯坦也像前面我们所提到的柏莉和艾里斯那样，他会取得那样巨大的成就吗？

置身顺境也好，遭逢逆境也罢，对每一个积极者来说，在生活与生命中，唯一能由自己掌控的，只有自身的努力。

无论是读书、工作、恋爱、看电视或其他，倘若我们总是漫不经心地，在手中做着某件事时，脑中想着另一件事或另几件事，此举不仅无法让自己得以全然享受眼下做事的乐趣，更因心力有限，无法长久地把正在进行的每一件事做好。在生活与生命中总是一心多用，以致到了最后，往往不免令自己无从由这些行动中，成就完完整整的幸福、愉悦与成功。

相信这是每一位正拟定计划积极向前、亟欲成就美好人生的人最不愿意见到的事！

发明小儿麻痹疫苗的乔纳斯·沙克，从高中开始一直计划要攻读法律。

可是，上了大学之后，出于好奇，修了几门科学的课程，没想到他的兴趣居然因此被引发出来。虽然因为学业，他必须打工赚钱，可是这个问题并没有使他感到沮丧。在他完成大学教育之后，他的愿望是想做医学研究。他的指导教授直截了当地告诉他："做研究工作是没有什么金钱报酬的。"他回答："生命中有许多事情是超越金钱的。"

沙克为了自己研究的理想，而不管世俗的价值判断，所以，才能发现疫苗，使许多人，包括你、我免于变成残废。

小提琴家詹晓昀从众多角逐者当中脱颖而出，就任美国大都会歌剧院管弦乐团首席，也成为大都会乐团成立100年来第一位华裔首席，写下一项纪录。

詹晓昀出生于美国，4岁开始学琴，是大同公司董事长林挺生的外孙，数理成绩相当优异，具有音乐天赋，14岁就拿到美国圣地亚哥交响乐团协奏曲比赛一等奖。高中毕业时，詹晓昀的数理成绩是全校第一名，随即进入哈佛大学主修电脑，大学三年级时舍弃了炙手可热的科系，专心开始他最热爱的音乐事业，并投入朱丽亚音乐学院小提琴教母狄蕾门下。专注加勤奋，使他获得成功。

著名的法国文豪大仲马是《三剑客》的作者，在他的一生中，创作了许多精彩的作品，其生动的描述，常常令人如临其境。假如你以为大仲马是因为生来就有写作的天赋，才能够完成闻名世界的多部名作，那么，你就错了。天赋或许能够帮助他在写作时行云流水，但若光有天分而不认真、不勤奋、不努力，有了天才也是枉然。

哲学家亚当斯曾经说过一句话："再大的学问，也不如聚精会神来得有用。”

这句话正是大仲马的最佳写照。大仲马写作十分认真，只要一提起笔，就会忘记吃饭这件事，就连朋友找他，他也不愿放下手上的笔，他总是将左手抬起来，打个手势以表示招呼之意，右手仍然继续写着。

大仲马是如此专注于写作，他一生的创作中仅剧本就有100部，若是加上其他作品，高达1200部之多。这个数字，几乎是萧伯纳、史蒂芬等名作家的10倍。你也可以像大仲马一样专注于某一件事上，那么，你体内蕴藏的能力，必将可以发挥到极致！机会在苦干中将唾手可得！

积极进取，充满热爱，全力以赴，当我们全身心地热爱我们所做的工作时，才能让自己每天在工作中全力以赴，从中学到更多的知识，积累更多的经验，找到最多的乐趣，获得最大的成就感，实现自己的人生价值。

“勤奋”打破僵局

懒惰的人总是抱怨自己无能，哀叹连自己家人的温饱问题都无法保证。而勤奋的人却说：“我没有什么天资，只会拼命干活换取面包。”

“电学祖师”法拉第从小家境贫困，他每天黎明即起，外出送报赚钱，无法进学校读书。不过，在法拉第小小的脑袋瓜里，却总喜欢胡思乱想，对万事万物都极为好奇的他，只要脑海里一出现任何自己不了解的问题，他就会立刻开口发问。

14 岁那年，法拉第进入一家专职装订书籍的订书房，成为学徒。由于订书房里有数也数不尽的书，于是，白天辛勤工作的法拉第，每晚都会偷偷拿起订书房里的书一本又一本如饥似渴地阅读……

在这其中，法拉第最感兴趣的领域莫过于“电学”。除了阅读有关电学的书籍，法拉第还从自己不多的工资里拿出大部分购买许多器材，进行一个又一个的实验。

1812 年，有位对电学非常有研究的知名德国科学家正好受邀前来演讲。这场演讲的入场券每张售价高达 100 英镑，当天前往听讲的人们不是科学家，便是社会名流，个个光鲜耀眼。就在这场演讲即将开始的时候，靠省吃俭用攒下钱买了入场券的法拉第穿着他的工作服赶到了演讲厅外。

立在门口的守卫见到衣着与在场众人格格不入的法拉第，不免感到非常奇怪，便叫住了法拉第，问："您……请问您就读于哪一所大学呢？""我，"法拉第大大方方地回答，"我是订书房的学徒。"包括这位守卫在内，所有站在法拉第身旁的人，此时不禁都以惊异的目光打量起他。法拉第却若无其事地自顾自走进演讲会场。

听讲的时候，法拉第不仅一字一句都听得非常仔细，同时也作了相当详尽的笔记。

这场演讲结束后，回到家的法拉第心里波涛汹涌，他想：“若我终其一生都在这订书房里工作，怎能实现我的梦想呢？”他在心中下定决心，“要走上电学研究之路，我一定得去跟随那位科学家才行！”

想到这儿，法拉第立刻提起笔，写信给那位科学家。在这封信里，法拉第除了向这位科学家表达自己对电学的浓厚兴趣与理想，希望他能收自己为门徒外，还将自己听演讲时所作的笔记全都整理好，一并寄上！

这封信寄出后犹如石沉大海。日子一天天过去了，法拉第始终没有等到任何回音。对此失望至极的他，忍不住垂头丧气地对自己说：“看来，我的美梦是破碎了……或许，我只有在订书房待一辈子的命吧……”

就在法拉第叹息、沮丧，甚至想把自己所有的电学书籍与仪器全都给扔掉时，一天，一辆马车在订书房门口停了下来。来者正是那位科学家的助理——他将科学家写给法拉第的亲笔信函带给他。

虽然科学家在信中只是允许法拉第在自己的实验室里充当打杂的仆役，但是，早已等待多时的法拉第仍一口答应了。法拉第从此献身于他热爱的电学事业，并且取得了巨大的成就。

美国作家爱默生曾说：“凡人皆为其自身命运之制造者。”无论我们在生活与生命中遭逢再艰难、再困苦的境遇，抑或遇上的是进退两难的窘境，倘若置身其中的我们，仍怀抱着自己早先立定的美丽梦想、远大志向，那么，上帝一定会为我们开启一扇前进之门。

不主动打破停滞不前的境况，便只能被动地等待，以及屈从于别人的安排。

当你面临人生转角，迟迟犹豫不决的时候，不妨品读这句印度格言——“只要你愿意，天堂之门永远为你开启。驱除苦恼与问题，引导灵魂走向精神领域。谨慎行事，履行责任，不必为后果担忧。要主导事件的发展，不要被事件摆布。”

爱迪生这位超级发明家，小时候不但未表现出过人的一面，反而以健忘闻名，在校成绩差得一塌糊涂，连老师们都嫌他又笨又蠢，还有医生在检查他的脑子后，竟说他会死于脑病……如此不被人看好的爱迪生，为什么能在日后成为发明家呢？这当然要归功于他的勤奋。

有一次，爱迪生到纳税机关缴税，他一边排队，一边思考着科学上的问题，没想到轮到他缴税时，他竟然说不出自己的名字。他站在柜台前拼命思考，偏偏就是想不起自己是谁，到最后还得靠邻居告诉，他才忆起自己的名字是爱迪生。

爱迪生常常夜以继日地窝在实验室做研究。有一天早上，佣人将早点送进实验室，见爱迪生因为前一晚不眠不休地做实验，而累得睡着了。佣人不忍心将他吵醒，便先将早点放在桌上。爱迪生的助手们见状起了玩笑之心，他们偷偷地将早点收起来，只留下一个空盘子。当爱迪生醒来时，看到身旁的空咖啡杯和少许面包屑的盘子，竟以为自己已经吃过早餐，又继续工作，直到他的助手们笑弯了腰，他才知道自己被助手善意地捉弄了。

爱迪生就是这样一个勤奋努力的人，他致力于发明的苦心不但没有白费，更给全世界留下福祉，而当初他还被老师怀疑智力有问题呢。

已经成为百万富翁的吉姆，拥有几家大型的农场。让人难以置信的是他的财富却是从在米店给别人推销大米开始的。那么一个卖米的小人物是用什么办法成为百万富翁的呢？据说，吉姆卖米的方法跟别人不一样，他不是等到客户家的米缸空了，来到店里买米才开始做生意。他总是细心地记录每一家的食米量，并且在预计米缸会空之前，就先把米送到客户家。这样一来，他不仅不用坐等客户上门，还得到越来越多的生意机会。

如果有机会，人人都会愿意接受一次加薪。但是，大多数愿意接受加薪的人希望责任没有增加，这是一个不切实际的态度。在大多数时候，能够提升是因为过去的努力和对未来的期望。经理们想通过它说："我们衡量了你的价值，想让你以后忙个不停，因为过去你表现得很优秀。”

你怎样才能赢得公司对你的信任和好感呢？我们不要求你像前面几位卓越人物那样勤奋刻苦，但以下几点你是可以做到的。首先，你每天要早到几分钟。每天早到 15 分钟对你的工作效率将有惊人的影响，它使你在一个正确的起点开始工作，而且老板会注意到这一点的。早到比晚到要好得多，这是因为有时候会产生一些问题，需要你延长工作时间才能完成，当然，这种情况并不总是发生，但这种可能性却是有的。

其次，你需要认真完成任务，哪怕是细小的任务。虽然每样任务并不会导致提升，但是，累积的效果却是可观的。在尽力做好每一项工作时，你就会树立起一个积极的名声，这能很好地保护自己，也是提升的保证。

然后，你需要做的是对你所做的事表现出足够的热情，让它们在你脸上通过微笑反映出来。文雅的举止和乐观的态度，加上你日益增加的知识和日益提高的技能水平，这些都是十分吸引人的。

不要贪图安逸，这只会让你变得堕落，整日游手好闲只会让你退化。只有勤奋工作才是高尚的，它将带给你人生真正的乐趣与幸福。当你明白这一点时，请立刻改掉你身上的所有恶习，努力去找一份适合你的工作，你的境况将因此而改变。

勤奋工作 是高尚的

人生来就是要工作的，工作占据生命的大部分时间，工作是人生运转自如的轴承，影响着人的一生。假如我们在工作岗位上得不到尊敬与意义，那么我们的人生只能是暗淡无光且毫无生机，工作没有尊严，自己的人生又怎么能幸福快乐？

一次，在加利福尼亚某地，飞机起飞之前还有一个小时的空闲。本书的作者哈伯德走到一个奶酪摊边，点了一杯他喜欢的酸奶，由巧克力奶油冻和鲜草莓混合而成。当奶酪摊的女主人为哈伯德配制饮料的时候，她细致的工作给哈伯德留下了很深的印象。最后，她给了哈伯德一杯搅拌充分，绝对美味的酸奶。

喝完酸奶之后，哈伯德和这位女主人攀谈起来。她有东方血统，来自台湾，在美国已经待了 17 年。哈伯德问她刚来美国时花多长时间才找到工作，她微笑着说："一天。"哈伯德说她真是一个令人愉快的、热情的、能干的人。她给了哈伯德一张名片，上面印着"朱戴维和朱凯莉"。她自豪地解释说，这张名片上印着他们开的餐馆的地点，他们的餐馆叫"朱氏湖南餐馆"。

在与她进行短暂的、令人愉快的交谈之后，哈伯德不禁回想她告诉哈伯德的这些事情。朱凯莉刚来美国的时候，美国的经济并不强劲。但是她第一天就找到了工作。现在，她丈夫拥有一家餐馆。我们不知道餐馆开得怎么样，但如果她丈夫也有她的精神和态度的话，他们肯定会做得很好的。朱凯莉是一个快乐的人，喜欢她的事业并为她的机遇而心存感激。

要是我们都有这位年轻女子的态度，像她那样微笑着工作，尽力把工作做好，我相信，大家都会过得更好。

很多经典著作都用朴素的语言讲述了许多关于工作和态度的真理，例如"当我们和你在一起的时候，我们教你这条规矩，谁不工作，谁就没有饭吃。"还有"努力工作，并为你的工作而快乐。"等等。

罗克德·马丁公司的执行委员会主席诺曼肯·沃格斯汀讲了一个很小的例子。

一个销售经理正雄心勃勃地准备打无数个电话。他强调说，你打多少电话，你就能卖掉多少产品。他要求每个销售人员打的电话数量超乎寻常的多。第一个星期结束时，有一个销售人员打的电话超过 300 个，这位经理被深深感动，邀请那个销售人员站起来解释他是怎么做的。这个销售人员说出他的秘密："那其实真不成问题，如果不是很多人打断我，向我提问的话，我可能做得更多。"

不要忘记你的目标，要运用你的常识和你自己。任何工作也同样如此，只要你在那儿，就忙碌起来。谁知道呢？你想象不到的加薪、奖金、提升等奖励可能就会来到。勤奋一些，努力一些，你什么都不会失去，反而会得到很多。

福勒是美国路易斯安那州一个黑人佃农家的孩子，5 岁时就开始劳动，9 岁之前就以赶骡子为生。这并不是什么特殊的事，大多数佃农的孩子都是很早就参加劳动的。小福勒与他的朋友有一点不同：他有一位不平常的母亲。他的母亲不肯接受这种仅能糊口的生活。她知道自己贫困的家庭被一个繁荣昌盛的世界所包围，她无法接受这个事实，相信其中一定是有原因的。过去，她时常同儿子谈论她的梦想："福勒，我们不应该贫穷。我不愿意听到你说，我们的贫穷是上帝的意愿。我们的贫穷不是由于上帝的缘故，而是因为你的父亲从来就没有产生过致富的愿望。我们家庭中的任何人都没有产生过出人头地的想法。"

没有人产生过致富的愿望。这个观念在福勒的心灵深处留下了深深的烙印，以致改变了他的一生。他开始想走上致富之路，他总是把他所需要的东西放在心中，而把不需要的东西抛到九霄云外。这样，他致富的愿望就像火花一样迸发出来。他决定把经商作为生财的一条捷径，最后定下来经营肥皂。于是，他挨家挨户出售肥皂达 12 年之久，后来他获悉供应他肥皂的那个公司即将拍卖出售。这个公司的售价是 15 万美元。他在经营肥皂的 12 年中一点一滴地积蓄了 2.5 万美元。双方达成了协议：他先交 2.5 万美元的保证金，然后在 10 天的限期内付清剩下的 12.5 万美元。协议规定如果他不能在 l0 天内筹齐这笔款子，他就要丧失他所交付的保证金。

福勒在他当肥皂商的 12 年中获得了许多商人的尊敬和赞赏。他去找他们帮忙。他从私交的朋友那里借了一些款子，也从信贷公司和投资集团那里获得了援助。在第 10 天的前夜，他筹集了 11.5 万美元，也就是说，还差 1 万美元。

当时他已用尽了所知道的一切贷款来源。那时已是沉沉深夜，他在幽暗的房间里跪下来祷告，祈求上帝领他去见一个会及时借给他 1 万美元的人。他自言自语地说；“我要驱车走遍第 61 号大街，直到我在一栋商业大楼里看到第一道灯光。”

夜里 11 点钟，福勒驱车沿芝加哥 61 号大街驶去。驶过几个街区后，他看见一所承包商事务所亮着灯光。他走了进去。在那里，在一张写字台旁坐着一个因深夜工作而疲乏不堪的人，福勒似乎认识他。福勒意识到自己必须勇敢些。

“你想赚 1000 美元吗？”福勒直截了当地问道。

这句话使得这位承包商吓得向后仰去。“是呀，当然想！”他答道。

“那么，给我开一张 1 万美元的支票，当我奉还这笔借款时，我将另付 1000 美元利息。”福勒对那个人说。他把其他借款给他的人的名单给这位承包商看，并且详细地解释了这次商业风险的情况。

福勒在离开这个事务所时，衣袋里已装了一张 1 万美元的支票。之后，他不仅在那个肥皂公司，而且在其他 7 个公司，包括 4 个化妆品公司、一个袜类贸易公司、一个标签公司和一个报馆，都获得了控制权。谈起他成功的奥秘时，他用他的母亲在多年前所说的话回答：

“我们是贫穷的，但这并不是由于上帝，而是由于你们的父亲从来没有产生过致富的愿望。在我们的家庭中，从来没有一个人想到过改变自己目前的处境。”

“假如你知道自己需要什么，那么，当你看见它的时候，你就会很容易地认识到它。例如，当你读书时，你将认识到一些良机帮助你获得你所需要的东西。”

工作是为自己！积极工作，享受人生，从工作中获取快乐与尊严，这就是一个非常有价值的人生。

讲效率，不做“老黄牛”

中国有一个神话，说愚公面山而居，他在90岁高龄时，决定开山修路，于是谱写了一曲子孙相继、不畏艰难的悲壮故事。20世纪40年代，伟大领袖毛主席还写了一篇文章就叫《愚公移山》，号召全国人民做愚公，用自己的力量改变自己的命运。愚公精神曾鼓舞了中国几代人。

社会进步以不可预料的速度向前发展。21世纪，以“愚公”的速度开山修路无疑已经难以适应社会发展了。于是，速度和效率成为一个企业重要的核心竞争力。下面的故事形象地说明了效率对一个企业的重要性。

狮王要毛驴负责开垦一块五百亩的荒洼地。

毛驴接到命令后马上行动起来，它领着众毛驴们起早贪黑，干得非常起劲。

过了几天，狮王前来视察，看后对毛驴说：“怎么这么长时间了，还没开垦出来，要抓紧时间，争取下个月完成。”

毛驴一听傻了眼，自己没白没黑地干，还落不是，下个月完成？这怎么可能呢？这么大一片地！

毛驴整天愁眉不展，茶饭不进，又加上日夜操劳，瘦了一大圈。一天，一只狐狸悄悄地跑来对毛驴说：“毛驴兄，你干活也要讲究点策略，你没见狮王每次来都在公路上转一圈便走吗？什么时候到地里去看一次了！你若听我的，先把路边的地开垦好了，至于里边的，你再慢慢来嘛！”

“唉，也只好如此了！”毛驴无奈，便听从了狐狸的意见，只把路边的地开垦了出来，并种上了庄稼。

一个月后，狮王又来观察，它看见地已开垦出来，庄稼也已长出了小苗，很高兴，当即表示奖励毛驴十万元钱。

毛驴用这些钱雇了几十台机械，把余下的荒地也开垦了出来。

第二年，毛驴因“政绩突出”，被调到了狮王府。

也许我们从参加工作那一天，就抱定了勤奋的态度，我们时刻都投入于工作，甚至忘了喝口水。可是在工作中却经常会遇到像“小毛驴”这样的情况：费力不讨好。为什么呢？因为没有效率。

业绩才是硬道理。出众的工作业绩更能证明你的能力，体现你的价值。

事实表明，既能跟老板同舟共济，又业绩斐然的员工，是最令老板倾心的员工。如果你在工作的每一阶段，总能找出更有效率、更经济的办事方法，你就能提升自己在老板心目中的地位。你将会被提拔，会被实际而长远地委以重任。因为出色的业绩，已使你变成一位不可取代的重要人物。如果你仅仅忠诚，总无业绩可言，尽忠一辈子也不会有什么起色，老板不可能重用你，因为把重要而难办的事交给你他不放心。更进一步讲，受利润的驱使，再有耐心的老板，也绝难容忍一个长期无业绩的员工。届时，即使你忠贞不贰，永不变心，老板也会变心，甘愿舍弃有忠诚无业绩的你，留下业绩突出的员工。

下面故事中，两个女孩的不同遭遇就很好地说明了这一点。

两个女孩均受雇于某公司，给老板当助手，替他拆阅分拣信件。两个女孩都对公司忠心耿耿。但其中一个忠心有余，却做事不讲效率，眼看着忙活一天，可连自己分内的事都做不完，结果不到两个月便被解雇了。

另外一个女孩儿头脑灵活，想着法的提高工作效率，交给她的工作都会很快完成，还做一些并非自己分内的工作。譬如，替老板给读者回信等。她认真研究老板的语言风格，以至于这些回信和老板自己写的一样好，有时甚至更好。她一直坚持这样做，并不在意老板是否注意到自己的努力。终于有一天，老板的秘书因故辞职，这个女孩当上了秘书。

故事并没有结束。这位女孩儿能力如此优秀，引起了同行的关注，其他公司纷纷提供更好的职位邀请她加盟。为了让她留在公司，老板多次提高她的薪水，与最初当一名普通员工时相比，已经高出了 4 倍。尽管如此，老板仍深感“物超所值”，其出色的业绩远非提高 4 倍的薪水所能匹配的。

老板都希望自己的员工能创造出伟大的业绩，而绝不希望看到员工工作卖力却成效甚微。即使你费尽了全部的气力，却做不出一点实绩，那也是没有用的。仅仅会埋头苦干、不问绩效的“老黄牛”的时代已经过去了，企业更需要能插上效益翅膀的“老黄牛”。公司辉煌业绩的背后，必须有一群能力卓越、忠心耿耿且业绩突出的员工。没有这些成功的员工，公司的辉煌事业将无法继续下去。业绩才是企业和个人生存的硬道理。

埋头犁地的老黄牛，勤恳作业，可是不抬头看路，错了方向，那么，一天辛辛苦苦的劳动岂不是付之东流。要勤奋，也要讲效率，这才是现代社会所要求的。

不放过任何成功的机会

作为员工，每个人都希望在工作中获得老板的重用，获得成功的机会。但机会又在哪里呢？机会是一个没有耐性的“家伙”，它常常是来也匆匆，去也匆匆。在机会敲响我们的大门之时，我们可能不敢去开启，我们在反复考虑，敲门的是天使还是魔鬼，而这时机会往往已无影无踪了。所以，机会来时，你应打开大门迎接，以免稍有迟疑使你丧失即将到手的机会。有机会而不去把握，你便永远不知道在前面等待你的是什么样的好运。

机会只敲一次门。成功者总是积极准备，一旦机会降临，便充分施展才能，最终成功。

有位年轻人听说附近深山里有位白发老人，若有缘与他相见，则有求必应，肯定不会空手而归。

于是，那年轻人连夜收拾行李，赶上山去。

他在那儿苦等了 7 天，终于见到了那个传说中的老人，他向老者求赐。

老人告诉他：“每天清晨，太阳没有升起时，你到海边的沙滩上寻找一粒幸运石。其他石头是冷的，而那颗‘幸运石’却与众不同，握在手里，你会感到很温暖而且会发光。一旦你寻到那颗‘幸运石’，你就可以实现自己期望的东西。”

年轻人便在海滩上找寻石头，发觉不温暖又不发光的，他便丢下海去。日复一日，月复一月，他在沙滩上寻觅了大半年，却始终也没找到温暖发光的“幸运石”。

有一天，他如往常一样，在沙滩上开始捡石头。一发觉不是“幸运石”，他便丢下海去。一粒、二粒、三粒……

突然，“哇……”

青年人大哭起来，因为他突然意识到，刚才他习惯性地扔出去的那块石头是多么重要。

这样的事实让我们痛心疾首。当机会到来时，如果你麻木不仁就会和它失之交臂。机不可失，失不再来，千百年来无数人的经验证明了这个浅显而深刻的道理。

在公司工作，如果你能在时机来临之前就识别它，在它溜走之前就采取行动，那么，幸运之神就降临了。

一个员工是否幸运和倒霉往往与利用的时机有关。有些员工在时机失去之后才顿足扼腕，那么他注定只是一个十足的倒霉蛋；而有些员工明白时机稍纵即逝，因而能及时把握，所以，他的一生都仿佛一帆风顺，心想事成。

但是当你失去了一次机遇后，切不可一蹶不振，否则永远不会有新的机遇降临。如果下定决心，努力改变自己，第二次机遇照样会光顾你的门庭。

你的工作
是高贵的

一个热爱、珍惜工作的人，最根本的一点就是要对工作有一种发自内心的荣誉感和自豪感。这种骄傲感是在心里面对工作的喜欢，这种喜欢的态度可以把你对工作的所有积极的情感都调动起来，你会特别地在乎你的工作。

无论你贵为君主还是身为平民，无论你是男还是女，都一定要尊重你的工作。如果你认为自己的劳动是卑贱的，那你就犯了一个巨大的错误。

亚里士多德曾说过一句让古希腊人蒙羞的话："一个城市要想管理得好，就不该让工匠成为自由人。那些人是不可能拥有美德的，他们天生就是奴隶。"

今天，同样有许多人认为自己所从事的工作收入低，而且又没有那么光鲜耀眼。他们身在其中，无法认识这份工作的价值，只是迫于生活的压力才不得不去做。他们轻视自己所从事的工作，自然无法投入全部身心。他们在工作中敷衍塞责，得过且过，更不可能在工作中作出成绩。

所有正当合法的工作都是值得尊敬的。北京曾有个著名的掏粪工叫时传祥，也许你会看不起这样的工作，但时传祥在自己的岗位上兢兢业业，得到了全国人民的尊敬，国家领导人刘少奇还亲自接见他。他成为那个时代的榜样和符号。

只要你诚实地劳动和创造，没有人会贬低你的价值，关键在于你如何看待自己的工作。如果连你都看不起自己的工作，还有谁会看得起你呢？那些只知道要求高薪，却不知道自己应承担责任的人，无论对自己，还是对公司，都是没有价值的。

社会分工注定有些人要从事某些行业中的某些看起来并不高雅的工作，但是，请不要无视这样一个事实，有用才是伟大的真正尺度。在许多年轻人看来，公务员、银行职员或者大公司白领才称得上是绅士，其中一些人甚至愿意等待漫长的时间，目的就是去谋求一个公务员的职位。但是，同样的时间他完全可以通过自身的努力，找到适合自己的位置，发现自己的价值。

工作本身没有贵贱之分，但是对于工作的态度却有高低之别。看一个人是否能做好事情，只要看他对待工作的态度。而一个人的工作态度，又与他本人的性情、才能有着密切的关系。一个人所做的工作，是他人生态度的表现，一生的职业就是他志向的表示、理想的所在。所以，了解一个人的工作态度，在某种程度上就是了解了那个人。

如果一个人轻视自己的工作，把它当成低贱的事情，那么他决不会尊敬自己。因为看不起自己的工作，所以倍感工作艰辛、烦闷，自然工作也不会做好。当今社会，有许多人不尊重自己的工作，不把工作看成创造一番事业的必由之路和发展人格的工具，而视为衣食住行的供给者，认为工作是生活的代价，是无可奈何、不可避免的劳碌，这是一种错误的观念。

那些看不起自己工作的人，往往是一些被动适应生活的人，他们不愿意努力拼搏，靠自己去改善自己的生存环境。对于他们来说，公务员更体面，更有权威性，生存更容易。他们不喜欢商业服务员，不喜欢体力劳动，自认为应该活得更加体面，有一个更好的职位，工作时间也更自由。他们总是固执地认为自己在某些方面更有优势，会有更广泛的前途，但事实并非如此。

那些看不起自己工作的人，实际上是人生的懦夫。与轻松体面的公务员工作相比，商业和服务业需要付出更艰辛的劳动，需要更实际的能力。当人们害怕接受挑战时，就会找出许多借口，久而久之就变得看不起自己的工作了。这些人在学生时代可能就非常懒散，一旦通过了考试，便将书本抛到一边，以为所有的人生坦途都向他展开了。他们对于什么是理想的工作有许多不切实际的认识。莱伯特对这种人曾提出过警告：“如果人们只追求高薪与政府职位是非常危险的。它说明这个民族的独立精神已经枯竭，或者说得更严重些，一个国家的国民如果只是苦心孤诣地追求这些职位，会使整个民族像奴隶一般地生活。”

热爱自己的工作是一种责任、一种承诺、一种精神、一种义务。只有热爱自己的工作，才能爱岗敬业，尊重自己所从事的工作，才能精通业务，在自己所从事的行业中作出成绩。

坚定的意志 有助于成功

任何目标的实现，都需要一点一滴地付出，持之以恒地坚持，这种付出和坚持的过程可能很累，你坚持下来了，就是成功，如果你无法坚持，那么成功的可能性就很小。

著有《不带钱去旅行》一书的美国记者，曾经彷徨地站在人生的道路上，觉得自己对任何事情都非常恐惧，包括稳定的感情是否要进入婚姻阶段。于是，他决定要征服自己的恐惧。他给自己一个穿越美国大陆的行程，目的地是一个叫做“恐惧角”的地方。在这段路程当中，他不带钱，也没有交通工具，他要靠劳动或是其他人自愿的帮助，走完这段路。

在这一路上，他遇到过许多令他害怕的人和事，可是，当他一步一步地更加接近“恐惧角”的时候，他便相信，自己已经越来越有能力对付自己的恐惧。

最后，当他来到“恐惧角”时，他实在不知道为什么这个地方会叫做“恐惧角”，因为对他来说，已经没有什么事情值得恐惧了。因为他的勇气已经在这个历练的过程中增强了，甚至影响到他周围的人。他的女朋友受到他的影响，也决定旅行，给自己挑战自己的自由。

“你对别人最大的帮助，不是和人分享你的财富，而是让人看见他们自己的财富。”班杰明·迪斯瑞利说。

美国人向来做事急躁，这一民族性得到了世界的公认。这种凡事求快的个性使其变成全世界最没有耐心的人。战争时期，我们经常发现缺乏耐心是士兵们致命的弱点，他们不能沉着应战，因此经常无谓地暴露在敌人的炮火之中。

商场上也是如此。我们常常要求在最短的时间内签约成交，太过于急功近利，时常不能从容地全盘考虑。由于缺乏耐心，急着想要得手，极有可能将重要的优势拱手让给那些愿意稍作等待的竞争对手。

富兰克林说：“有耐心的人，无往而不利。”耐心需要特别的勇气，对理想和目标全身心地投入，需要不屈不挠、坚持到底的精神。这里所说的耐心是动态而非静态的，主动而不是被动的，是一种主导命运的积极力量。这种力量在我们的内心源源不尽，但必须严密地控制和引导，以一种几乎是不可思议的执著，投入到既定的目标中，才能实现人生目标。

唯有坚韧不拔的决心才能战胜任何困难。一个有决心的人，任何人都会相信他，会对他付出全部的信任。一个有决心的人，会随时随地获得别人的帮助。相反，那些做事三心二意、缺乏韧性和毅力的人，没有人愿意信任和支持他，因为大家都知道他做事不可靠，随时都会面临失败。

许多人最终没有成功，不是因为他们能力不够、诚心不足或者没有对成功的渴望，而是缺乏足够的耐心。这种人做事时往往虎头蛇尾，有始无终，做起事来也是东拼西凑、草草了事。他们总是对自己目前的行为产生怀疑，永远都生活在犹豫不决之中。有时候，他们看准了一项职业，但刚做到一半又觉得还是另一个职业更为妥当。他们时而信心百倍，时而又低落沮丧。这种人也许可能短时间取得一些成就，但是，从长远的人生来看，最终还是一个失败者。世界上是没有一个遇事迟疑不决、优柔寡断的人能够真正成功的。

成功有两个最重要的条件：一是坚定，二是忍耐。通常，人们往往信任那些意志坚定的人。意志坚定的人同样也会遇到困难，碰到障碍和挫折，但即使他失败，也不会一败涂地、一蹶不振。我们经常听到别人问这样的话："那个人还在奋斗吗？"也就是说"那个人还没有放弃他的梦想吧？"

如果对公司的前景做了种种惨淡的描述后，仍然不为所动，意志坚决，同时，言谈举止之中能够做到处处谨慎大方，并能显示忠诚可靠、富有勇气的个性，这样的人才是许多大公司所推崇的。没有这些品质，无论才识如何渊博，也无法得到老板的认同。

一位经理在描述自己心目中的理想员工时说："我们所急需的人才，是意志坚定、工作起来全力以赴、有奋斗进取精神的人。我发现，最能干的大体是那些天资一般、没有受过高深教育的人，他们拥有全力以赴的做事态度和永远进取的工作精神。成功的人中大约有九成靠的是做事全力以赴，剩下一成的成功者靠的是天资过人。”

这种说法代表了大多数管理者的用人标准：除了忠诚以外还应加上韧性。具有韧性的人能够经受挫折。决心固然宝贵，但有时会因力量不足、能力有限而受阻，而唯有借助韧性，才能长驱直入，无人能敌。

永不屈服、百折不挠的精神是获得成功的基础。库雷博士说过：“许多青年人的失败都可以归咎于恒心的缺乏。”的确，大多数年轻人颇有才学，具备成就事业的种种能力，但他们的致命弱点是缺乏恒心、没有忍耐力，所以，终其一生，只能从事一些平庸的工作。他们一旦遭遇困难和阻力，哪怕是微不足道的困难与阻力，都会立刻退缩，裹足不前，这样的人怎么能担当重任呢？如果你想获得成功，就必须为自己赢得美誉，让周围的人都知道，一件事到了你的手里，就一定能够做成。

一旦你树立了意志坚定、富有忍耐力、头脑机智、做事敏捷的良好名声后，无论在哪里，你都能找到一个适合你的好职位。与之相反，如果你自己都看不起自己，只是糊里糊涂地生活，一味依赖别人，那么迟早有一天会被人踢到一边。

成功其实很容易实现的，它与天分无关。有很多天资聪明的人最终平淡无奇，也有很多被公认为笨蛋的人最终却创造了奇迹。成功的必要条件其实是坚持，只有持之以恒的人才能成功。

第六章

我们应该向罗文学习什么——敬业

今天工作不努力，明天努力找工作。勤奋敬业不仅仅是为了工作本身，更是为了自己未来的进步与发展。

发现
自己的专长

不管任何人，若不趁年轻时训练自己具备集中精力的好习惯，那么他以后就不会成就什么大事业。聪明的人会倾注全部精力于一件事上，使目标提前达成；聪明的人还会利用他那不屈不挠的意志和持续不断的恒心去争取实现人生的理想。

鲍勃在 30 多岁时还一事无成，问题的根源在于他在 20 多岁时的个性。与其他同事不同的是，在 22 岁—24 岁的 3 年间，鲍勃的个性仍未曾受到考验。学科技出身的学生常常个性发展比较缓慢，学科本身的性质和原理等常常会影响个性的发展。

更糟的是，鲍勃踏进这个阶段后又在很长的时间里没有主动改变。严格的科技教育妨碍了他去尝试多重社会角色，以便从中选择一个真正适合自己的职业。因此，至今他仍然脚踏两条方向相反的船，也就是工作技能与个性。他在工程方面的兴趣尚未达到能够从事富有创意性或生产的工作，而他也尚未培养出从事表演或推销事业所必备的个性。与其他相同状况的人比较，这是个典型的遭遇。那些脚踏两条船的人渐渐都变得只是一味追求升迁。

受过理工教育的人，往往很有促销及销售的潜能，在企业界这是难能可贵的。可惜的是，通常他们并不知道。一提到科学或工程就联想到任何事都得讲求客观，但是一个出色的业务代表若想有良好的表现，就必须八面玲珑，人见人爱，这对科学出身的人来说简直是不可能的事。因为喜不喜欢是十分主观的感受，你喜欢的人，别人可不见得喜欢。念理科的学生在校内忽略了较富戏剧性的生活层面，这或许能帮助他们把精力集中在主修学科上，然而，毕业后踏入社会工作就得面对这种生活了。

因此，有促销、销售天分的人即使决定不去运用这种天分，也了解这事实、并处之泰然。但由于他们在日后工作中必然会碰到阻碍，久而久之，他们会发现，每当遇到这种状况时都自然而然地运用了这种天分。这时候，游说的技巧，甚至赢得竞争对手敬佩的能力，也立刻显露出来。尤其是在他们无法靠真功夫——如工作表现——来求得晋升，而屡遭挫折的情况下，更有可能转而发挥这方面的潜能。

也许有人会问，这些人是不是原来就对销售及促销有兴趣呢？是有不少人转入行销及公关的领域，但他们往往觉得有些不对劲，认为这种工作没什么职业尊严，瞧不起这份工作。虽然如此，就如同企业需要管理与产品开发人才一样，企业界也的确需要促销专业人员，来负责将如此大量的产品及服务推销出去，从而赚取利润，生存下去。

像鲍勃这种人最后会遭遇困难的原因有二：第一，当初急于求表现，根本不了解自己的长处在哪里。第二，即使知道，也可能不喜欢依其专长以求发展。以泰勒为例，受过工程师的训练，并且接受了这一行的价值观，而他却想以所受的教育作为晋升的基础。如果他发现自己能够引以为荣的只不过是他的说服力时，一定会感到很失望。一位在他担任总裁两年期间的亲密部下指出：“鲍勃非常聪明，并且很能创新，只是每当他走过一个地方，总会留下麻烦事情得替他收尾。他根本不会缜密思考他的计划，只是一时冲动地脱口而出。他实在应该找位经理替他办事才对。”当他听到这句话时着实吓了一跳，他不需要一位经理，因为他自己想要成为经理。

主修艺术、人文科学或社会科学的人，对人类发展的人性因素一定不陌生。有趣的是，某些主修戏剧而后进入企业界的人使人们更了解造成鲍勃事业危机的因素。因为他们展开事业的方法正好与鲍勃相反。他们经过多方面的努力以储备更多实际有用的工作技能，而这些技能都是难用客观的标准来衡量的。

汉斯和鲍勃是两个完全不同的典型。汉斯曾花了 5 年的时间，学习如何以更经济的方式为公司作采购。他被分派在采购部门任职，靠着敬业精神，他为公司找到好几百种产品的低价供应商。他没有什么技术背景，他的职位也不需要什么技术背景，他只需根据其他部门的需要决定从何处购买就行了。还有一点对汉斯是有利的，就是他为公司省下多少钱大家都可清楚地看出来。29 岁时，他开始负责公司里三分之一的采购业务，那年他就替公司省了 80 万美元。公司的执行副总裁听到这个消息之后，马上给他提升职位。他们两个人一直没成为朋友，平时也很少联系。但是汉斯靠着自己的努力受到高层主管的赏识，在 36 岁上就当了副总裁。这个职位在当时已有 10 万美元的年薪。

假如一个人明明在某一方面有天分，却自认为另一方面才是他的专长，时间久了，很可能发现自己横跨在日渐加宽的深渊之上，这是非常危险的，因为很少人能同时脚踏两条船而不跌倒的。若能在 20 多岁的时候多进行一些尝试，确定自己在各方面的能力，在许多年后会使每个人的成就产生很大

的差别。

一个人知道自己具备一种技能并不表示他就会热心地去运用，许多人发现另有更适合的方向。就如同某一个人，他原来对运动很拿手，但却牺牲了可能成为职业运动员的机会而入了医学院。了解自己的长处是很重要的，尤其是当这种长处可能妨碍了事业进展的时候更重要。为了要晋升顺利，便自然而然地使出个性上的技巧，这种手段不会永远奏效。在适当的时候，也应该全心全力追求实际的工作技能。

事实上，一个人如果已经竭尽所能而没有成功，最有效的策略往往就是停下来，反思一下，这条路是不是适合自己。

世事的变幻和情势的改变，有可能使你持有的一副好牌变成了坏牌，但这并不意味着你必败无遗。只要你拥有打好坏牌的决心和信心，就能突破重围，使问题迎刃而解，并最终获得成功。

欣赏自己的工作业绩

希望、梦想与激励、友谊共享公平竞争、努力后的快乐，多少年来，进取精神已经成为人类挑战极限、积极向上的最宝贵的财富。

当人们成功地达成被指定的或自行决定尝试的任务时，他们会把眼光放得更高，不以过去的成就自满。担心退化而产生的焦虑是他们促使自己保持前进的方法。“昨日的一切都已过时了。”韩莉 45 岁时说。“当别人都在奋力地向前跑时，你却在原地踏步，”詹姆斯在 44 岁时也说，“很快地，你就望尘莫及了，我得一直保持前进才行。”

30 多岁的时候，詹姆斯和韩莉希望能超越他们 20 多岁时的成就。而当他们一过了 40 岁，却不愿再回顾 30 来岁时的情形，他们试图让过去的一切都随风而逝，因此对过去 10 年间任何良好的表现，他们就好像站在高楼顶上俯视的情形一样，认为陈旧而微不足道。

对工作漠不关心的人也有他们工作上的问题，但由于他们一开始就不太关心自己的工作或公司，因此当有人在晋升的过程中从他们身边咆哮而过，所带给他们的苦恼就比我们想象的来得少。虽然他们也注意到这些工作上的困扰，但并不认为值得付出更多的努力。

也有一些人，他们的工作成就动机很高，这些人以不断地否定过去的一切，作为保持今日强烈工作欲望的手段，致使他们一无所有地走进明日。当他们年轻时，可以这么做，因为他们的目标焦点只在将来；但是到了中年，特别是晚年的时候，这种做法并非积极，这使他们既没有最后退守的据点，也没有任何值得一谈的光荣成就。这样的人不在少数。

如果一个人从一开始就无视过去成就的存在，那么他就永远无法再使自己过去的成就受到注意，或将其视为一种胜利。其中的缘故值得我们去了解。人的记忆都会深受事件发生当时的情感所影响。如果这种情感很强烈，也就越可能在事后记住当时的内容和感觉。反之，如果仅是发生了一件事件，并没有激发任何情感，既不快乐也不悲伤，就很容易被人们所遗忘。情感可以帮助人们记忆。

人们若想让先前的成就留下鲜明的痕迹，应该做两件事：

第一，在当时就记下来，否则事后可能连找都找不到，更谈不上颂扬赞美了。

第二，他们必须相信，赞扬现在和过去的成就并不会阻碍未来的进步。

要知道，暂停片刻以便留下印象，不但不会阻碍目标的达成，反而会有所帮助，因为暂时的休息可以消除过多自我要求的压力，使事情进行得更有效率。我们常说，过犹不及，维他命 A 就是一个典型的例子。维他命 A 可以预防夜盲症，但服用过量却会引起骨骼病甚至死亡。长久以来人们对“激励”也有类似的想法，适当的激励是必要的，有助于人的进步；但是激励过度却会导致停滞不前，有相当多自认为激励不够的人实际上已经激励过度，很自然的，他们的反应就是更严厉地鞭策自己，结果只是使处境更加恶化而已。

所以，不要总是否定自己的过去。假如我们能够容许自己欣赏一下自己过去的成就，未来的成就一定会大不相同。当他们卖力地进行计划时，固然应该专心一致地去达成，但在工作接近完成时，尤其是在几个星期、几个月后，花点时间欣赏一下自己已经完成的部分是很重要的。如果是个牵扯很广的重大计划，就更值得在每一阶段完成后这么做。

一个人在庆幸自己刚完成工作时的确必须非常小心，以免招致别人的嫉妒。在这个社会，竞争非常激烈，公开的自夸只会激怒同事和上司，他们可能会以为这个人是在要求升迁和赞赏。每当计划告一段落或接近尾声时，私下里称赞一下自己、为自己鼓一次掌是个不错的办法，毕竟，这是一个人自己的记忆，而不是别人的。

要不断地激励自己，不要将生命中的每一段落逐一丢弃。每次工作完后稍停片刻，欣赏自己的工作业绩，将自己的功劳一件件地烙印在心坎上，也许会对你未来的工作更有帮助。

以积极的心态工作

如果一个人，无论是在卑微的岗位上，还是在重要的职位上，都以一种服从、诚实的态度，并表现出完美的执行能力，这样的人一定是我们企业的最佳选择，也是任何一个企业的最优选择。

这是人们都很喜欢的关于工作的妙言：有人问一个员工，他会为他的公司工作多久。他微笑地回答；“永远，直到他们警告要解雇我。”有很多人抱怨自己的工作。1998年4月7日《今日美国》报道说，有52%的人说，他们有太多的工作要做，来不及表示他们对工作满意。准确一点说，在感觉到有工作负担的人里面，65%的人是对他们的工作表示满意的。只有45%的人很少或几乎没有对他们的工作表示满意。人们通常认为很多人都想做最少的活儿，拿最多的报酬。后者不容置疑，但是实际情况是没有足够事情做的员工中几乎有一半不满意他们的工作。这些不满意包括认为他们的时间、天赋和能力都没有得到充分的发挥。

很少有事情能够满意到你能对自己说："今天很好，我上了班并多做了一些。我对此感觉很好，对自己感觉也很好。"一个总是忙于工作的富有成效的员工对工作很可能是十分满意的，他不太可能到别的地方求职。很重要的一点是因为：当员工在工作的时候，应该被有利地使用，富有成效能够给人们一种懒散所不能给予的满足感和成就感。

有两个分别名为臧、谷的年轻人，皆以放羊为生。但这一天傍晚，他们两人却不约而同空着手回到村里！

村人见到这种情形，连忙追问臧："你负责放的羊群呢？到哪儿去了？"

"我在树下专心看书，一不小心，就让羊给跑了……"臧吞吞吐吐地回答众人。

村人们又接着质问谷。谷很难为情地答道："我一面放羊，一面和别人赌博，一个不留神，羊就跑了！"

虽说臧、谷二人由于在放羊的同时，各自在做不同的事，致使羊群走失，听来仿佛言之成理。然而，身为牧羊人的他们所放牧的羊群，毕竟都因他们的怠忽职守，忘却羊群主人的托付，而殊途同归地跑了。

或许我们有足够的能力为自己一时的糊涂、罔顾诚信之道的行为编造出千万种理由。但是，不论我们如何粉饰太平，所有事情的结局，终究只能是回归"真实"。

托尔斯泰曾说过："谎言从来没有合理的借口。"

北卡罗来纳查罗特市的中央皮埃蒙特社区学院校长托尼·泽斯博士，通过研究确认了最满意的员工和应聘者的性格特征。积极的态度是最重要的性格。最容易得到提升的员工都有优秀的工作表现，显现出良好的与人合作的自身素质，并对组织也都很忠诚。并且，把组织的困难看做是自己的困难的员工往往会得到提升。培养积极的工作关系的能力以及领导的才能也会有助于工作上的成功。

快乐的人比中性或是消极的人更有机会得到提升，而且这样的人也更健康。30 岁以下的人比其他任何年龄组的人更快乐，对自己的工作也更满意。据霍吉·克鲁因和埃索息艾特斯 1994 年的一项研究，排名前 600 的 CEO 中有 100%的人认为幽默感对他们的事业有积极的作用，其中 95%的人说，在别的条件同等的情况下，他们会雇用一个有幽默感的雇员。

员工的态度、顾客的满意程度和员工工作效率之间有直接的联系，员工共有的态度会影响到士气和生产率。

一个人的成功在很大程度上取决于自己的思考方式。有位哲人说过：你以怎样的方式思考，思想就以怎样的方式来引导你。其实，我们每个人天生都有积极思考者所具有的热情、正直、信心、决心等品格，只是这些品格有时在某种程度上被环境所淹没。所以，要想出色地工作，需把自己变成一个积极思考者。重新审视自己对自身品格的看法，鼓励自己充满自信地工作，享受快乐工作的乐趣，从而在工作中发挥最大潜能。

热情地工作

有一种工作状态叫热情。这种状态催人奋进。古往今来的一切成功之士，无不满怀激情地投入他们的工作，因此我们可以说，热情与成功有着不解之缘。

赫伯·凯勒赫是西南航空公司的首席执行官，他认识到了一个许多管理者都忽略的问题：有些人天生就比别人亲切和乐观。凯勒赫认为，就算是有可能，要培训人们使其提供亲切周到的服务也是一件艰巨的任务。因此，西南航空在招聘中，注重将那些生性不快乐和不外向的人筛选出去。

有许多种工作，如乘务员、售货员、推销员和客户服务人员，天性积极的人会干得更出色。一些负责招聘的管理人员认为，快乐的员工是可以被创造出来的。他们花费大量的时间设计激励性的工作任务、工作环境或者诱人的福利薪酬方案来鼓励员工更乐观可亲。另外，他们投入大量资金用来进行塑造行为的培训。然而，这些努力却大多都付诸东流。原因何在？因为一个人快乐与否基本上是由基因所决定的。

赫伯·凯勒赫的做法是明智的。如果你想要快乐的员工，就应该将努力集中在招聘过程中，将那些消极的、不能适应环境的、总挑剌的员工筛选出去，这些人做任何工作都不会感到满意。

一个晴朗的下午，菲尔普斯走在第五大街上，忽然想起得买双短袜。至于为什么只想买一双，那是无关紧要的。菲尔普斯看到第一家袜店，就走了进去，一个年纪不到17岁的少年店员向菲尔普斯迎来，“您要什么，先生？”“我想买双短袜。”少年的眼睛闪着光芒，话语里含着激情。“您是否知道您来到的是世上最好的袜店？”这一点，菲尔普斯倒没有意识到，因为他是偶然走进这家商店的。“请跟我来。”那少年欣喜若狂地说。菲尔普斯随他来到店堂后部，少年从一个个货架上搬下一只只盒子，把里面的袜子一一展现在菲尔普斯的面前，让菲尔普斯赏鉴。

“等等，小伙子，我只要买一双！”“这我知道，”少年说，“不过，我想让您看看这些袜子有多美，多漂亮，真是好看极了！”少年脸上洋溢着庄严和神圣的狂喜，像是在向菲尔普斯启示他所信奉的宗教的玄理。菲尔普斯对他的兴趣远远超过了对袜子的兴趣。菲尔普斯诧异地望着他。“我的朋友，”菲尔普斯说，“如果你能一直这样热情，如果这热情不只是因为你感到新奇，或因为得到了一个新的工作——如果你能天天如此，把这种热心和激情保持下去，不到 10 年，你会成为全美国的短袜大王。”

菲尔普斯对这少年做买卖的自豪感和喜悦的心情觉得惊异，我们对此应当不难理解。因为在许多商店，顾客得静候店员的招呼。当某位店员终于屈尊注意到你，他那种表情会使你感到是在打扰他。他不是沉浸在沉思中，恼恨别人打断他的思考，就是在同别人聊天，叫你感到不该打断他们如此亲昵的谈话，反要向他道歉似的。

无论对你，或是对他领了工资专门来出售的货物，他都毫无兴趣。然而就是这么个冷漠无情的店员，可能当初也是怀着希望和热情开始他的职业的。年复一年枯燥乏味的苦差使他无法忍受，新奇感也被磨掉了，只在工作之余，他才能找到一点欢乐。他成了一个傀儡，变得无能，他看到那些工作热情比他高的年轻店员晋了级，超过了他，他感到气愤。他已走到最后一站，看不到希望了。

我们在工作中要以饱满热情的态度去面对任何一件事，要全身心地投入到我们的工作中去。充满热情和自信，这样我们才能在广阔的市场中立足，甚至获得更大的发展。

专注于一件事上

专注有助于深化认识。人们对事物的认识过程，是从现象到本质，从肤浅到深刻，从不很深刻的本质到更深刻的本质深化的无限过程。这就决定了认识一个事物必须有长期专注的精神。否则，对事物的认识就难以由浅入深，不断变化，逐步准确完整地认识事物的本质。

林肯，这位令美国人永远敬仰与怀念的总统，一生的传奇事迹无数。

许多人不禁要问：林肯为什么如此伟大?

或许，这得从他的少年时期讲起。

林肯出生在一个普通的家庭，家境贫困。他的父亲是一名木匠，并没有读多少书，而林肯本人则只上过一年的学，但是，即便如此，他也没有自暴自弃，不管做什么工作，他都全力以赴，将事情做到最好。

林肯的第一个工作是在渡船上，他每天一早总要先把劈柴、生火、打水的杂事做好，然后才到船上做渡船的工作。

除了渡船外，林肯也当过屠夫，由于他杀猪的本领极好，许多人都指名请林肯屠宰。

林肯所从事的工作可算是卑微的，但他并不以工作的性质为耻，他与来往的人们学习，不管是农夫、商人或老师，只要有不懂的，他一定会认真请教。

林肯曾经对一位想成为律师的青年说："只要你下定决心，你就已经成功了一半。"我们不难发现，认真与决心是林肯的一贯态度。也因为如此，面对各种不同的角色，他才能够做到始终如一。

这里有一位叫米尔德·布朗·唐肯的人写给哈伯德的信，她是医院的秘书，让我们来看看这封信吧！

每一次我为我所服务的医生打一封信时，在信的底部，我都会以大写字体打上他名字的缩写，而在旁边以较小的字体打上我的名字。

"小的缩写是我的名字。"有一天，我在查阅回函时，向一位新来的职员这样解释道。之后我想着这句话。这话有何意义？拿忙碌而重要的医生与我这无关紧要的秘书相比吗？

不，我并不这样看待我的工作。担任医生的秘书是有许多回馈和满足的。在诊疗室里，通过医生的诊断后，病人得以治疗，减轻了病痛。但是许多的回馈是在诊室门外的，我总是第一个看到人们出了诊疗室，面带微笑，手中紧握着药品或处方，满怀着希望和信心地离开。

我想我是医生和患者之间的桥梁，比如简单地对初次候诊的人说一句，“你会很喜欢他的，他很容易沟通。”患者面部的肌肉便会放松下来，眼神也不再那么焦虑了。

有时医生没办法接电话，秘书就必须保证要将电话内容传达给他，这在有时也让病人放心不少。我试着牢牢记住，所有这些是我在这儿的原因，也是我在打字时把名字放在后头的原因。

在这个位置上，我得到了一些特别的礼物，有 3 个是我最珍爱的：第一个是贴在我办公桌后面的墙上、用厚纸板做成的天使。这是一个智能不足的小孩用他那肌肉不听使唤的小手精心绘制而成，在圣诞节送给我的。

另外两样礼物是无形的，但同样深嵌在我心中。一份是来自一位新病人。岁月在她的脖子上留下的痕迹，就像树干的年轮一样，由于病痛的折磨，她的目光看起来深邃。我们结束例行问话后，我说：“你可以进去看医生了。”她慢慢地从椅子上站起来说：“我以为你是医生。”

最后一个礼物来自一位和蔼可亲的年长男士，他面色红润，顶着一头灰白头发。他要离开时塞给我一小截铅笔和一个信封，说道：“小姐，可不可以把你的名字写在这张纸上？”

“当然可以，不过你为什么想要我的名字？”

“因为你一直对我很好，我想知道你的名字。”

他蹒跚地走出去，我把他的赞美收藏在内心深处，那儿储存着我格外珍惜的东西。有一天，我们又相遇了。这一次危机发生在我身上，不是他。当时我的泪水直泻而下，他轻声地说：“我会为你祈祷。”

于是在这一天之内，我寄了一封信给一位焦虑的母亲，教她如何喂药给癫痫发作的小孩以控制病情；一封信建议一个人寻求法律顾问；一封信陈述一位有抱负的青年，精神失常了几年之后，现在已经恢复正常，可以再度拥有公民权。

晚上，当我盖上打字机和旁边的架子时，许多表格仍待打上进步的记号，我不禁觉得这些不单是墨水和纸张而已——这些是病痛和痛苦解除的记录，是忧伤和忍耐的记录，是问题和问题解决了或勇敢面对的记录。简单地说，这些代表了人类的生活，而我有幸一一接触。其中有一些非比寻常的感觉我虽然说不出来，但是我知道，即使我再也见不到这个人——仅此一次的求诊，他给我留下的印象也会使我终生难忘。

当一天结束时，我关上电灯，拿起钥匙，走出办公室，把自己的一部分留在那儿，心里明白虽然我的服务像我的缩写名字一样微小，但我也有所贡献。

新闻报导几乎人人必看，现在，请想象一个情况：当你打开电视时，赫然发现坐在主播台上的是一位金发外国人，而且还用国语播新闻，此时你能接受吗?

在美国，宗毓华是响当当的主播，她受人注目的原因除了华裔身分外，最重要的还是她主播时的超强功力。

自认有着完美主义性格的宗毓华是个一旦投入工作，就会全身心投入的人，她总是想办法将每件事做到最好，却又觉得自己永远有需要改进的地方。

1971 年，美国三大电视网开始雇用少数族裔人士为职员，宗毓华抓住机会向 CBS 申请工作，在面试通过后，她成功地进入 CBS，是首批进入美国电视网的 4 位少数族裔人士之一。

刚进入 CBS 的宗毓华，常会因为遗漏了某些新闻而烦恼不已，追究原因，她才发现，原来，新闻工作并不是采访完就回家睡觉这么简单，而是要持续地追踪与调查，才能有更大的收获。

有了这样的观念后，宗毓华变得更敏锐了，她随时留意着新消息，并采访了许多大新闻，不论是美国总统尼克松的“水门事件”，或者洛克菲勒被提名为副总统候选人的过程等，她的报道不但比别人的更深入、更精彩，也让她的所属电台收益迅速提高。

得过 3 次新闻报导艾美奖，并且成为全美票选最高的新闻主播宗毓华，照理说应该满足了吧！不，即使在 6 年前，她的年薪就高达 200 万美元，她仍然对自己充满着期待。这份期待不是金钱的多寡，而是在于她从事的新闻工作上。

“我不断地告诉自己，做一件事只要锁定目标，全力以赴，成功的机会就很大。”宗毓华如此认为。

这样认真投入的态度是否让你也深有感触呢？

其实，认真的精神不但能让一个人踏上成功之路，有时甚至会影响别人对你的看法。

松下幸之助说：“一个人对生活态度的认真与否，决定了他的一生。”

许多做事不认真的年轻人，由于虎头蛇尾惯了，根本都还未发掘自己的潜力，就认为自己天生资质不如人，于是得过且过，失去了与成功会面的机会。

有一次，松下电器不慎将有瑕疵的产品送给客户，客户发现后，正怒气冲冲地准备到松下电器大骂一番，然而，当他一进门，看到公司内部每个人认真工作的态度后，当下深受感动，不但不生气，还满怀信心地回去，他相信有如此认真的员工，公司理当值得信赖。

因为认真的态度改变了客户的看法，不但化险为夷，更赢得了对方的信任，这些都不是用金钱能买得到的，然而却都是本身所拥有的最大资产。

一个人最大的损失，是把他的精力没有意义地分散到多方面的事情上。一个人的能力十分有限，若要样样都精，很难做到。你若想成就一番事业，请牢记专注于一件事上。

自行 解决问题

普通人知道，成功者做到。事实正是如此，要想实现目标，你就要想尽一切办法，千方百计，哪怕是上天入地、赴汤蹈火也不畏惧，要绞尽脑汁、搜肠刮肚，最终找到奇谋良策。

大多数人都认为，经验是有效领导的一个宝贵的、甚至是必不可少的要素。几乎所有的工作都要求申请人具有工作经验。许多时候，经验是雇用和晋升时最关键的因素。然而研究却表明，经验对领导有效性并无决定作用。

许多毫无经验的领导者取得了非凡的成功，而许多有经验的领导者却输得很惨。最受好评的美国总统亚伯拉罕·林肯和哈里·杜鲁门，他们原来都没有什么做领袖的经验，而经验最丰富的赫伯特·胡佛和弗兰克林·皮尔斯却是很不成功的。

为什么经验不能让领导者更有效呢？直觉上，经验会让人在工作中提高领导技能。但这个问题要一分为二地看。首先，经验值与工作时间不完全是一回事；其次，影响经验的转移性的情境有可变性。

“经验管用”这种逻辑的缺陷是假定工作时间的长短可以用来衡量经验，工作年限并不能说明经验的质量。一个有着20年经验的人与另一个有2年经验的人相比，并不意味着前者的有用经验是后者的10倍，20年只是把一年重复了20次而已。甚至在相当复杂化的工作里，真正的学习往往在2年之后就停滞了。那时候，几乎所有新的独特的情境都已经被经历过了。因此，试图将经验与领导有效性联系起来的问题在于，没有注意到经验的质量和多样性。而且，在一种情境下获得的经验，很少能用到新的情境下。因此，考虑过去情境与新情境的相关性是很重要的。工作、支持性资源、组织文化、追随者的特性等，都有可能不一样。情境的可变性无疑是领导经验与绩效没有关联的一个主要原因。

因此，在选拔人才到领导岗位上时，要注意不要过于重视经验。因为经验未必可以很有效地预测绩效。一个候选人有10年的领导经验，并不能确保其经验能运用到新的情境下。而重要的是经验的质量，以及过去经验与领导者要面临的新情境之间的相关性。

利卡多·善勒是巴西善可制造公司的总经理。他对全员参与的管理方式深信不疑。他把这项理念延伸到工厂里大家最为关切的地方——餐厅。员工认为工厂里的菜很难吃。他因此鼓励他们组成餐厅管理委员会，负责挑选供应商，监督饭菜品质，制定价格。洁·宾朵是会计员，在工厂服务了25年，被推选为会长。

人人都知道洁凡事坚持到底。客户要是赖账的话，他会像看门的杜宾狗对付半夜偷潜进来的人一样。不过他对食物不够讲究，所以工人们决定督促他。

有一天，供应的点心几乎看不出是布丁。当洁坐下来吃饭时，有个工人站起来冷冷地把布丁丢在洁的盘子上，然后二话不说就走了。过了一会儿，另一个工人也如法炮制，接着又一个。10 分钟之内，洁的盘子堆满了布丁。

隔天，洁开始监督食物。他称牛排以确定达到合约上签订的 125 克标准，他对厨房上下一一监管。不久，大家不再抱怨食物的品质了。

下一个问题是价格。公司对餐饮补助了 70%。然而餐厅管理委员会制定的一套“罗宾汉餐饮计划”，却是要按照员工的收入依不同等次收取费用。

例如，经理和工程师要付餐费的95%，而清扫工只需付5%。

一些管理阶层的人士觉得受到不平等的待遇，就以自带便当来回应。委员会默不吭声，等这些管理者了解到只付95%还是比付100%便宜后，他们终于不再这样做了。后来，这些管理者挺身为“罗宾汉餐饮计划”辩护。他们了解到这对低薪的伙伴来说意义非凡。

当你不好解决问题的时候，千万不要告诉你的老板说：“老板，我不知道该怎么办。”因为，公司请你来，不是让你来作为一个传达人的，他是让你解决事情的，而作为你，也应该积极努力地去寻找方法。就像上述善可公司的管理者那样，找到合适的办法，事情自然迎刃而解。

让你的上司赏识你

作为一名员工，特别是作为一个下属，他的高明之处就在于能够准确地领悟出领导的真正意图，然后恰到好处地、创造性地执行领导的指令。这样，领导就会赏识你，肯定你，你就会在工作中发挥更大的主动性、积极性，当然也就更有成就感。这也是敬业的表现。

每一位员工都希望能得到上司的重用，都希望上司能把最重要的工作交给自己完成，但并不是所有人都能成为上司眼中的“红人”。究竟怎样才能成为老板眼中的红人呢？首先，那些脚踏实地工作的人更容易得到上司的重用。因为上司在委派工作时（尤其是重要工作），除了考虑一个人工作的能力以外，还要考虑这个人的人品和德行。德才兼备的人是承担重要工作的最佳人选，而脚踏实地工作的人又恰好占据了良好的品德和雄厚的实力。相反，那些眼高手低、不能踏踏实实工作的人很难得到上司的重用，公司一方面担心他们不具备过硬的业务处理能力，另一方面又担心他们会泄露公司秘密。

李嘉诚说：“不脚踏实地的人，是一定要当心的。假如一个年轻人不脚踏实地，我们使用他就会非常小心。你造一座大厦，如果地基不好，上面再牢固，也要倒塌的。”

所以，假如你希望你的上司能够赏识你，并委以重任，就应该踏踏实实地工作，从最简单的事情做起，在实践中提高自己的业务能力，按照自己既定的事业目标实现自己的个人价值。你应该摒弃以下几个有害的想法：

“凭我的学历和能力根本不该做这些小事。”

即使你拥有很高的学历，拥有许多先进的理论知识，仍要从最基层的工作干起，因为每个公司的情况都不同，如果不了解具体情况，而把理论生搬硬套进来，很可能会给公司造成损失。所以，从基层工作做起，细致地了解公司的整体运作，再运用知识提出切实可行的建议更好一些。

“现在的工作只是跳板，只要完成工作任务就行了。”

在僧多粥少的今天，要想一下就找到适合自己的工作的确有些困难，即使你目前所做的工作不是你理想的工作或者不适合你，也不可抱有这种不负责任的想法。你可以把它当作你的一个学习机会，从中学习处理业务，或者学习人际交往，或者仅仅作为从校园到社会的缓冲，而认真地做好这份工作。这样不但可以获得很多知识，还为以后的工作打下了良好基础。

“即使能力有限，我也要承担下来此项工作，这样别人就会对我刮目相看。”

很多人为了表现自己高人一等，与众不同，而去承担有较高难度的工作，结果反而把工作弄糟。在工作方面要做值得别人信赖的人，做自己力所能及的事。

森林中的大象正是由于依靠自己庞大的身躯和沉稳的步伐，才在动物王国中树立了威严。你也需要在工作中向踏实稳重的大象学习，从最简单的事情做起，一步一个脚印，这样才能沉稳地踏上成功的台阶。

乐观自信的人也比较容易受到提拔，因为乐观自信的人无论遇到任何事情都不会沮丧、永远充满朝气。

日本松下幸之助说："在这个令人忧患的年代，本公司能够很快从混乱中站起来,迈向复兴,其中一个根本原因就是我们比任何创业者都更具信心。"

开会是一个最好表现自己的机会，有些人在开会的时候，因害怕自己的见解被别人认为浅显无知、毫无新意，所以每次在开会的时候就悄悄地躲到一个不被人注意的角落里。当领导问你是否同意大家的观点时，你也总是唯唯诺诺地表示同意大家的看法。如果你真的这样做了，那么你就失去了一个表现自己的机会，这样做不但对你自己非常不利而且对公司的利益也是非常不利的。甚至你的同事也会认为你是只会随声应和的鹦鹉或者认为你是一个毫无能力的人。

相反，如果你在开会之前，就提前把这次会议的主题是什么，自己在会上应该说些什么，以及自己应该怎样说都提前做个准备。在开会的时候，你再大胆地表现自己，大大方方地把自己的见解说出来。这样你的领导一定会注意到你，同事也会对你刮目相看。久而久之，说不定下次加薪的时候就会有你。

最后，那些有资本和实力的人比较容易得到老板的赏识。也就是说，你得有让老板赏识你的资本和理由。

曾经有一个人很不满意自己的工作。他愤愤地对朋友说："我的老板一点也不把我放在眼里，从来也不重视我。有朝一日我非炒他鱿鱼不可。"

"你对于那家贸易公司完全清楚了吗？对于他们做国际贸易的窍门完全搞通了吗？"他的朋友反问。

"没有！"

"君子报仇三年不晚，我建议你好好地把他们的贸易技巧、商业文书和公司组织完全搞通，甚至连怎么排除影印机的小故障都学会，然后辞职不干。"他的朋友建议道，"你把他们的公司当成免费学习的地方，什么东西都通了之后，再一走了之，不是既出了气，又有许多收获吗？”

那人听从了朋友的建议，从此便默记偷学，甚至下班之后，还留在办公室研究商业文书的方法。

一年之后，那位朋友偶然遇到他，说：“你现在大概多半都学会了，可以准备辞职了！”

“可是我发现近半年来，老板对我刮目相看，最近更是委以重任，又升官，又加薪，我已经成为公司的红人了！”

“这是我早就料到的！”他的朋友笑着说，“当初你的老板不重视你，是因为你的能力不足，却又不努力学习；之后你痛下苦功，提高了业务水平，当然会令他对你刮目相看。只知抱怨老板，却不反省自己的能力，这是人们常犯的毛病啊！”

让老板赏识你的最好做法，就是用真本领武装自己，要有出类拔萃的资本。当得到老板的重用时，首先要考虑自己的能力够不够，与其他同事相比，自己是不是最出色的，如果答案是否定的，那就需要自己在工作中不断地学习，有哪一位老板会拒绝雇用才干出众的人才呢？

有一位年轻人的学习成绩挺好，毕业后却屡次碰壁，一直找不到理想的工作，他觉得自己得不到别人的肯定，为此而伤心绝望。

怀着极度的痛苦，年轻人来到大海边，打算就此结束自己的生命。正当他即将被海水淹没的时候，一位老人救起了他。老人问他为什么要走绝路。年轻人说：“我得不到别人和社会的承认，没有人重视我，所以觉得人生没有意义。”

老人从脚下的沙滩上捡起一粒沙子，让年轻人看了看，随手扔在了地上。然后对他说："请你把我刚才扔在地上的那粒沙子捡起来。"

"这根本不可能！"年轻人低头看了一下说。

老人没有说话，从自己的口袋里掏出一颗晶莹剔透的珍珠，随手扔在了沙滩上。然后对年轻人说："你能把这颗珍珠捡起来吗？"

"当然能！"

"那你就应该明白自己的境遇了吧？你要认识到，现在你自己还不是一颗珍珠，所以你不能苛求别人立即承认你。如果要别人承认，那你就要想办法使自己变成一颗珍珠才行。"

轻人低头沉思，半晌无语。

是啊，只有珍珠才能自然地把自己和普通石头区别开来。你要得到赏识，要出人头地，必须让自己优秀，让自己有过硬的本领，这样才算找准了让人赏识自己的关键。在工作中，要想让领导赏识，就要记住：比领导要求的多做一点，比标准再完美一点，要主动发现，主动去做。当你富有创造力地完成老板交代的每一项工作时，你会发现，加薪不再是奢望，升职也不再遥远，而工作带给你的回报也远远不止这些。

学会尊重

俗话说，尊重别人就是尊重自己。这句话不难理解，无论在工作还是生活中，只要你处处尊重别人，自然也会赢得别人的尊重。

在一家新公司的会议室，杰克·郝雷走到黑板前画上一条平行线，打算以此来显示组织中的行为表现。他说:“组织中有一连串的尊重。”当他说到“尊重”一词时，有人皱眉头，有人一脸疑惑。杰克·郝雷看在眼里，感到有点惊讶。他为何要进入这个话题呢？他讲了下面这个故事。

“几个月之前，有位印度来的女士住在我家，我家里有 5 个十几岁大的孩子。她是位亲切动人的女士，具有某种超能力，可以‘洞悉’常人所忽略的事物。她的一言一行都显得和别人很不一样：敬重看似平凡之物，教人见贤思齐。

“她告诉我们，她父亲教导她和她的兄弟姊妹对待万事万物都要恭敬尊重，他甚至把家里的物品也算在内。比方说像开门这样的小动作，‘不要用力拉门或撞门，她教着，‘慢慢转动门把，小心地顺着门轴打开门，要尊重它。’对门尊重？我注意到我的子女在伪装客气的表情之下彼此交换着眼神。

“‘连吃个苹果，’她在另一个场合说道，‘长辈都教我们不可以狼吞虎咽，而要以双手亲切地握住，感谢它慷慨送给我们的美味和营养。’说到此，我想到儿子艾立克吃苹果时总是塞得满口都是，一边还皱着眉头，看着手中的掌上型电脑。

“我们宽敞的厨房令她着迷，而她的厨艺也叫我们赞不绝口。她不用花多久的时间就可以把从冰箱里取出的肉和蛋做得轻巧而精致。在准备好可口的饭菜后，她会静静地祷告，把第一口保留起来以示感激。她这些细小的举动开始对我们产生了潜移默化的影响。

“这位女士到的时候，正是圣诞前夕，全家都沉浸在节庆的气氛中。如

同每年的惯例，全家人为了张罗着过节忙得不可开交，各自忙东忙西，很少有机会碰在一起。有一天我匆忙赶回家，一进门，正碰到刚刚跨入家门的露易丝，她手里拿着一个新的圣诞花环。‘很漂亮，’我说，‘我们有5分钟，把它挂上。’我拿起铁锤和钉子，她拿起花环，我们快速来到门外。

“我们的印度女士对这个花环非常喜爱。‘哦，它多美，多绿啊！’她脱口而出，‘这么美妙的饰物。哦，看那叶子和果实多么巧妙地长在一起……哦，多亮丽啊！”

“‘是啊！’我边说边把花环移到固定位子让露易丝拿住，我钉了几下，‘好了。’我得意地笑了一笑。我开门正要回屋里去，哎唷，差点踩到那位印度女士。她正跪在石砖上膜拜，口中吟诵着特殊的祝祷词，为花环祈祷！”

“有朋友跪在你脚边，为你的冬青祈祷时，你会怎么做？你会不理她悄悄溜走，还是跨过去冒失地撞到她？你会和她一起跪下来吗？以前从来没碰到过这种事。我们只是默默地站在一旁，等她结束。然而我们等了又等——一分钟、两分钟、三分钟。当我站在那儿等着的时候，我慢慢地从狂乱的节奏中缓和了下来，整个世界都在这种等待中变得格外宁静起来。真的，我体会到了，她说得没错，花环实在是很美，它所代表的甚至还更多。”

“更重要的是，我们站在那里的时候，她的祈祷似乎发挥了功效！花环变得不仅仅是个饰物，还充满了某种意义。整整4分钟，我站在那儿，花环挂在门上，与我肩同高。我站着，渐渐觉得它散发着迷人的力量——一种特殊的感觉，一种前所未有的力量。”

“而这份力量持续了整个假期。家人的生活步调逐渐不再那么急促。宁静的心绪滋长着，我们对四季的欣赏也与日俱增。每一次我经过花环时，都觉得‘有东西’伸出手来，拍着我的肩膀。”

去尊重你周围的人，你才会赢得所有人的尊重。建立起良好的人脉关系，一步一步走向成功。那些默默无闻的小职员，更值得尊重。因为你敬他一尺，他会敬你一丈。况且，他们之中不乏藏龙卧虎之人，不知哪天就会晋升到你的头上。如果你平时尊重他，日后他也会尊重你，使你们建立友好的关系。

频繁地换工作并不是好现象

你来到一个公司，不管你对这份工作是否特别的满意，都要发誓忠诚地工作，只要在这里工作一天，就要忠诚地对待这份工作。当然了，许多老板并不要求你信誓旦旦的这样做，但是在日常的工作当中，你要这样做，这是每个人应该具备的一种品质。如果你对他人忠诚，他人也将会对你委以重任。正所谓“投之以桃，报之以李，赠人玫瑰，手有余香。”

一般来讲，刚开始工作的头 3 年，是属于过度反应的阶段。任何要求都会产生激烈的情绪反应。在寻找适合自己的工作过程中，在衡量工作技能与个性时，人们很容易把任何升迁速度的减慢或挫折都归罪于个性上的缺失，人们总认为自己是大材小用。

在这种情况下，可想而知，他们会变换方式以加快提升的速度。一种方式失败了，就再换另一种试试。尖酸刻薄的人或许会说这些人以欺骗手段求晋升，因为他们相关的工作技能实在不怎样，根本没法担当什么大任。然而，这种说法是不准确的，他们忽略了这个年纪的人在升迁的压力下，个性原本就不稳定，实际上缺乏的是一种敬业精神。

对大多数人来说，不论最后发达与否，22岁—24岁的3年间都是一个充满戏剧性的时期。这是一段试验各种面貌、魅力、智慧、身份及自信的时期，也是一个渴望成功的时期。

如果最后的赢家和输家做法都一样的话，到底是什么因素造成他们不同的命运呢？通常25岁—29岁的5年间是决定晋升上限的关键期。在这段期间内，那些未来的赢家逐渐稳定下来，经过无数次的尝试，他们终于找到了自己合适的定位。这对他们来说是非常重要的，只有这样他们才有机会在其他方面求发展，而不是永无止境地在改正尝试期所犯的错误。这时候，他们已不再集中精力去选择通往高位的正确个性，而是投入更多精力培养自己所需要的工作技能，以便使自己有更好的发展。

智慧和体能是人的左手，个性是人的右手，应该很容易结合在一起，协助人们达到目标。但实际上它们却时常起冲突，因为这两种因素将人们带入两条完全不同的事业通道。

比方说，一个学工程的年轻人泰勒，如果他以加强工作技能为第一要务的话，极有可能走上生产与管理的路子；但倘若以他对个性魅力的迷信，就会不知不觉地走上另一条通往销售及促销的路上。

有很多职场人士不想等别人经过仔细评估后，才来赞美他的工作，他希望由于他的个性能够马上引起别人的注意，他想尽快得到升迁。这种想尽快得到升迁的心理，每个人多少都会有，但是那些学理科或学工程出身的人往往有不同的看法。他们希望以专业的知识为发展的工具而不是以个性。他们最常用一句话来表明自己的态度：“我的工作绩效是最好的解释。”也就是说，“你不妨以客观的立场来评定我的工作绩效吧！我相信你会感到高兴，说不定还会留下深刻的印象。”

假使泰勒当时清楚自己发展的方向，或许会试着去减慢或中止他的脚步。无论如何，他必须为了他的事业前途而有所妥协。他心里多少也明白，虽然每一个人都希望得到别人的承认，但在工作上仍得拿出一些具体的成果来让别人评价。然而，个人的偏好以及急功近利的希求已将泰勒加速推上另一条路：他口口声声地说要当经理，事实上，他倒很有可能变成一位熟练的业务人员或促销人员。

如果这时泰勒能洞察自己的问题所在，情形也许就会不同。当人们自以为他们是采取一种以成果或以工作为导向的方式求发展，而实际上所采取的却是一种完全相反的以个性为导向的方法时，在他们的事业生涯中，就免不了会遭遇到一些危机。事实上，许多小挫折也来源于他们对这种观念的认识不清。在泰勒 34 岁那年，长久以来所面临的危机终于爆发了。

由于泰勒的协助，公司一共做成了 6 笔合并的生意。因为生意这么好做，公司知名度也提高不少，高阶层人士也就乐得反复运用这种策略。然而，在这方面搞了 4 年之后，泰勒开始觉得吃不消了。在他过了 32 岁生日几天之后，他还想要试图再回到管理岗位上。

有能力帮助他的当然是他的朋友班杰明。尽管过去4年来两人接触的机会不多，但班杰明仍然和往常一样喜欢他、赏识他。当泰勒请求他帮助时，他说："我一定要看到你重回到正途上。"班杰明仍然觉得泰勒是一位充满前途的年轻人，他说："在公司里，我实在帮不上你什么大忙，公司的规模太大了，相对的，升迁速度也就比较慢。不过我知道一家规模较小的消费产品公司正在征求一位总裁。"泰勒当时高兴得要跳起来了，因为他迫切想要得到那份工作。

泰勒的风度以及说服魅力，是使他坐上这个职位的一大本钱。当时，他说："面谈时我表现得实在很好，只可惜我不能以面谈为生。"主持面谈的两位先生都很赏识他，但都有点保留。其中有一位告诉班杰明说，泰勒没有什么管理经验，而且拿不出实际的成绩。班杰明试图安抚他们，他不断地描述从前听泰勒所说的话，告诉他们："他能替你们创造出奇迹来！"这句话出自班杰明之口，实在不是他的一贯作风，也实在是很高的赞誉。次日，泰勒就被录用了。

在以后的两年间，泰勒的生活充满了刺激与无休止的工作。上任3星期后他表示："我得激发公司每一位同仁的士气！"他拓展产品线，增雇业务员，也把广告及公关的预算增加10倍，并且打算进行一连串的新投资。他不断地用一句话来说明他的策略："我们要成长。"回想起来，他在公司灌注的思想其实是："我们必须拿得出一点东西来——不管是产品或是服务，尽力去讨好每一个可能的顾客。"在泰勒所定的大方针引导下，以后26个月中，公司几乎在所有可能的发展方向上都下了一番工夫。此举使公司的财务与生产部门同仁深感不安。第二年，泰勒气愤地说："这些人都是傻瓜，他们的眼光都只停留在手中的铅笔上，根本谈不上什么远见。"

在当年年底，由于经济萧条，公司的资金很快就用光了，泰勒进退两难地说："这些投资很快就会回收的，你们等着瞧吧！"他甚至又完成了一次小规模的股权收购交易，并以此为荣。但是用来进行收购的资金只会使原来的负债压力更加沉重。在下一次董事定期会议时，原来和谐的气氛被一种憎恨的情绪所取代，泰勒被炒了鱿鱼，公司也被迫向法院申请宣告破产。"你根本不是一个管理者，你是一个破坏者！"在众人面前，董事长向他咆哮道。泰勒崩溃了，他说："你们不能这样对待我，我是你们唯一的希望呀！"泰勒的说服魅力显然在经营赤字中消失了。"他们只是不停地嘲笑我。"他告诉他身边的每一个人。

那次会议过去10年之后，泰勒仍然无法从自尊受创的痛苦中解脱出来。更糟的是，他对这惨剧的认识又不正确，因此错误愈滚愈大，如同当时他愤怒地说：“那是我最后一次替没钱又想做大生意的公司办事了。”

任何一个公司的老板都希望他的员工是敬业的，他们只会用那些对公司敬业的人，而把那些只有远大目标的人拒之门外，不论他们多么有才华。

为人造福的人
就在伟大的仆人中

一个人无论从事什么样的职业，都应该尽职尽责。在工作的过程中，尽自己最大的努力来求得不断进步。

虽说人难免自私，但无论于公于私，倘使每个人在决定自己“是否对某人某事付出（哪怕只是一丁点儿）心力”的同时，都要先在心里暗自拨拨算盘，精确估算，诸如“我这么做，老板对我的印象会不会好一点？”“我这么做，是不是很快就能升官或加薪？”等才肯于付出的话，这算得上是“积极”吗？

克里米亚战争爆发不久，“护士之母”南丁格尔便主动请缨前往战区服务，她带领一群护士来到位于前线的野战医院。她们完全没有顾虑到自己的舟车劳顿，在抵达医院时，随即开始工作！

眼见医院里的床铺不够，许多伤兵被迫睡在地上……

她们便一面以稻草通宵赶制床垫，一面将肮脏至极的地板用水洗刷干净。看到医院里餐具非常缺少，传染病病人的用具，也未与他人分开使用……南丁格尔便拿出自己的积蓄，为病人们添购使用的盘子、叉子以及毛巾、绷带。她认为“充足的营养”是病人恢复健康的要素，所以，南丁格尔也极为关心医院为病人供应的伙食品质。此外，凡是病人身上令人感到毛骨悚然的伤口，南丁格尔都会亲手为之轻轻洗涤、涂药、包扎……

遇上畏惧开刀的病人，躺在床上又哭又闹，南丁格尔也同样会来到这位病人床边，握着他的手，温暖地鼓励他……

当然，南丁格尔与护士们的工作，还包括帮不能动弹的病人翻身、喂病人吃药……

这些工作，仿佛永无止境……即便自身的工作已是如此繁重，但每天晚上，当医院里的每个人都已沉沉睡去，南丁格尔仍提着一盏小灯，轻轻地缓缓地，独自在病房里来来回回巡视好几次。她为病人盖好被子、扶正枕头，并柔声安慰睡不着的病人……

或许，南丁格尔所做的这些事，在多数胸怀大志的现代人看来，根本是不值一提的小事。然而，对于这些看似微不足道的小事，她都心甘情愿地，尽心尽力地去做。

诗人歌德说过：“我在必我行。”一般人们立志积极向前行进的时候，一心想到的仅是“自己的成功”。我们全然忘却，在那些毫不起眼，甚而可能是我们不屑一顾、懒得动手做的“小处”上，能够无私地竭尽心力，这才是我们点点滴滴积累成功实力的稳固基石呀。

这里还有一位叫邦妮的护理长的故事。杰米被送到急诊室并且住进心脏科病房。杰米有一头长发，满脸胡子，又脏又胖，担架底下放着一件黑夹克。

一个街头流浪汉闯进了清洁、专业的无菌世界。很显然，他是碰不得的！病房的护士们吃惊地看着这个病人，每个人都用不安的眼神瞄着护理长邦妮。

“不要叫他做我的病人，不要叫我帮他擦澡……”大家不约而同地从内心发出无声的恳求。

领导者的特质之一，完美的专业人员，就是去做无法想象的事，碰那些碰不得的事，向不可能挑战。没错，邦妮是这么说的：“我自己收这个病人。”对护理长来说，这是很不可思议的。当她戴上橡皮手套开始替这位脏兮兮的大汉擦澡时，她的心几乎碎了。他家住在哪里？他妈妈是谁？他小时又是什么样子？

护理长边工作边轻轻哼着歌，希望能减轻流浪汉的恐惧和尴尬。她突然有个念头，说：“近来医院里不太有空替病人擦背，不过我保证擦背真的很舒服，可以帮助你放松肌肉，有助于治疗。这个地方就是这么回事……疗伤的地方。”

又厚又脏的红皮肤透露出这个病人曾有过的糜烂生活。

她边擦着这些紧绷的肌肤边哼着歌，并为他祈祷。

最后，护理长为他涂上温热的乳液和爽身粉。他转过身来时，泪流满面，下巴抖动着。他微微一笑，棕色的双眼出奇的美丽，语带哽咽地说：“好久没人碰过我了。谢谢你，我觉得好多了。”

在我们强调肢体接触的正当性时，在这个充满伤痛的世界里，真正的挑战是敢碰那不可碰之处……通过眼神的接触、亲切的握手、关怀的话语或涂抹温热的乳液和爽身粉。

顾客服务部的工作是一份口水活。然而，吉奥夫·格里高尔，美国航空公司加利福尼亚州奥兰吉县机场特别服务部经理，总是认真地将这段话作为自己的准则：“你们中的最伟大者必是众人的仆人。”

哈伯德第一次见到吉奥夫的情形是这样的：他无意中听到哈伯德说想换

一个靠近过道的座位，于是他立即着手处理这件事，他请另一个乘客（那是他的朋友）和哈伯德换座位，那是一次短暂但令人愉快的相遇，第一次相遇，哈伯德就发现吉奥夫是如何真诚地尽力满足旅客的要求。

显然，吉奥夫很留心每天的航班的旅客名单。后来哈伯德又乘飞机到奥兰吉去出席一次预订的讲演，吉奥夫迎接了哈伯德并祝哈伯德旅途愉快。他也常常这样欢迎别的他叫得出名字的旅客。哈伯德又一次见到吉奥夫是在哈伯德主持的一个研讨班上，哈伯德称赞了他的领带。第二天，吉奥夫在登机口边上和哈伯德碰面，告诉哈伯德他想把那条哈伯德称赞过的领带送给哈伯德。他说那是一个对他有特殊意义的人送给他的，但他想把它送给哈伯德，因为哈伯德对他来说也是特别的，这一件特别的东西会更有意义。后来，每次哈伯德戴那条领带的时候都感觉得到真诚的祝福，正是领带的意义使得它加倍地与众不同。

后来，哈伯德又去奥兰吉发表讲演，吉奥夫坐在听众当中。当哈伯德到机场去赶到达拉斯的航班的时候，他已在那儿等哈伯德了，我们不能告诉你哈伯德与吉奥夫会面的细节，但他又一次帮助了哈伯德，行云流水般地解决了哈伯德的困难，哈伯德又一次轻松地踏上归程。

在我们这个急匆匆的世界上能遇到一个像他这样的人是一件多么令人愉快的事。为什么我们不学习吉奥夫那种怀着真正的关心为别人服务呢？

阿尔伯特说过：“我不知道你们的天命会是什么，但我知道，你们当中只有那些曾经寻求并发现了如何去为别人服务的人会真正快乐。”亨利·米勒说：“如果你想要成功的话就为人服务吧，这是生活的最高原则。为人造福的人就在伟大的仆人当中。这是获得成功的唯一途径。给予而后你会被给予。把社会当做你的债务人，然后你会在不朽者中发现自己的位置。”

多做一点点也许是微不足道的，但是，就是这些微不足道的一点点，就会让你的工作结果发生巨大的变化。尽职尽责地完成自己工作的人，只能是一名合格的员工。如果每天多做一点点，你就有可能变成一名优秀的员工，让你的老板对你刮目相看。

第七章

我们应该向罗文学习什么——忠诚

如果说，生命力使人们前途光明，团体使人们宽容，脚踏实地使人们现实，那么浓厚的忠诚感就会使人生正直而富有意义。

忠诚胜于能力

什么是忠诚？忠诚是一个人的基本品格。本杰明·富兰克林说过："如果说，生命力使人们前途光明，团体使人们宽容，脚踏实地使人们现实，那么浓厚的忠诚感就会使人生正直而富有意义。"

只有忠诚的人才能在自己的职业生涯中一直保持着负责的态度。忠诚的人不管自己是否总在一家公司供职，不管将来是否要调换部门，他们都对现有的工作保持责任感。他们能冷静地对待自己的工作，把职场中的每段时光都作为自己终生事业的一部分。

忠诚胜于能力。这和我们的人生是紧密相关的。人生要有价值，就必须确立一个正确的人生目标；要实现人生目标，必须融入社会当中，成为社会需要的人，得到社会的帮助；要融入社会，被社会接受，就要忠诚，对你所在团队忠诚，对你所在的组织忠诚，对你的家庭忠诚。忠诚是一个人一生中首先要确定的价值观。

乔治和艾伦同毕业于一所有名的高校，他们是好朋友。乔治成绩在中等或中等偏下，没有特殊的天分，只是性情憨厚，在大学期间也不是很活跃。艾伦性格活跃，成绩突出，思维活跃，总想做出一番大事业。

几年后，乔治还在那家规模不算大的公司上班，他对自己的工作兢兢业业，忠诚奉献，进步很快，已经从普通职员升为部门主管。再过几年，他又从主管升为公司副总。

艾伦毕业后跟乔治一起进入那家公司工作，跟乔治形成鲜明对比的是，他自以为是名校高才生，不满足于在这样的小企业上班，总想着有更好的发展，于是不断地跳槽、换工作。这样不停地折腾了几年，依然一事无成。

现代社会更加强调团队的作用，如果团队中的成员忠实于团队，具有团队精神，他在工作中就会有更强的责任心，他能够细致周到的体察管理者的意图，并且不以此作为寻求回报的筹码。

个体对团队的忠诚，下级对上级的忠诚，会使个人的成就感和自信心增强，可以使团队的竞争力增强，可以使组织更兴旺发达。这就是许多决策者在用人的时候，要考察其能力，但更看重个人忠诚度的原因。

忠诚的人是难得的，在这样一个充满诱惑的时代，一个既忠诚又有能力的人更难求。忠诚的人无论能力大小，决策者都会给予重用，这样的人使管理者、决策者放心。相反，能力再强，没有忠诚度，再好的企业也会避而远之。毕竟在人生中，需要用智慧来做决策的大事实在是太少，更多的是需要用行动来落实的小事。忠诚就体现在日常工作的点滴之中。

要做就 要做到最好

有些人初入社会时，认为做事都是为老板，其实从长远来看，工作完全是为了自己，因为敬业的人能从工作中学到比别人更多的经验，而这些经验便是你向上发展的踏脚石，就算你以后从事不同行业，你的工作方法也必会为你带来助力。当你真切地感受到你是在为自己做事时，就会主动地把事做好，并且做到最好。

如何从 1 万户待售的房子中，找出其中最好的 50 户？

在纽约一份名为《房屋志》的杂志中，有一个“BestBuy”单元，专门替读者介绍好房子。为了完成这样的超级任务，杂志社不但请来专业的人员执行此单元，还向中介公司要求，希望能亲自到现场看房子。

“你们要去现场？”听到这样的要求，中介公司带着非常轻视的口吻说，

“不然这样好了，我将平面图传给你们。”

“不行，我们一定要自己去看。”

原本，中介公司以为，这些人员只是随便看看而已，谁知到了现场，却发现大家扛来各式各样的装备，将房子上上下下丈量一番，看得中介人员一个个傻了眼。

“你们……你们为什么要这样做？”一位中介人员很纳闷。

“虽然我们不知道自己看到的是不是最好的房子，但是，我们所推荐的房子一定要经过现场检查和勘测才行。”

凭着这样的精神，无论刮大风、下大雨，或者寒流来袭，总可以见到“BestBuy”的人员，带着几公斤重的仪器，穿梭在大大小小的房子里。

“像你们这样每一个房子都要看，一定会累死。”中介人员下了结论。

累吗？

想想看，如果要你一天看5户房子，而且房子的地点有可能散布在纽约的四面八方，不累才怪！

那么，“BestBuy”的人员为什么非得这样做呢？因为，他们抱着“做到最好”的态度来面对这份工作，即使别人觉得这样很傻、很累，他们就是能甘之如饴，因为秉持着这样的信念，不仅让他们在工作上有优秀的表现，更能赢得大家的信任和掌声，而由于有着同样的工作态度而成功的例子，可说是举不胜举。

菲尔是汤姆服务的第一家公司的采购组长。他有一头白发，大大的鼻子，来自波士顿，是位见多识广的绅士。比起新一代的企管人，他年纪很大，看来也不起眼，他的西装翻领宽得不像样，穿在他矮胖的身躯上，总是皱巴巴的。然而，他却是一个再好不过的榜样。他每年负责为公司采购好几亿的食物和饮料。那种慷慨的交易，人人都知道可以收回扣、欺诈、做偷鸡摸狗的事。大家都对此不当一回事。但是菲尔可不会耸耸肩了事。面对这类腐败贪污，菲尔会挺直胸膛，诚实到小心翼翼、精确无比的程度。他甚至连一条鸡尾酒领巾或是“免费的”原子笔也不会从公司拿回去。菲尔绝对不会接受唤他为朋友的众多业务代表请他喝的一杯酒。“我会和你喝一杯，不过我自己付钱。”他正直地笑着。

一个把公司视为自己的一切，并尽职尽责完成工作的人，终将会拥有自己的事业。许多管理制度健全的公司，正在创造机会使员工成为公司的股东。

因为人们发现，当员工成为企业所有者时，他们表现得更加忠诚，更具创造力，也会更加努力工作。有一条永远值得人们铭记的道理：把自己看作公司的主人，你就会走向成功。

每个人对“好”这个字的认知不同，有的人觉得及格就好，有的人觉得要一百分才叫好，对于一个认真者来说，“好”的定义是：不用管别人用什么眼光来看你，只要你做到自己认为的好为止。这样的要求和执著，即使达不到十全十美，也一定会在你的人生中留下无悔的成果。

用正确的价值观鼓舞自己

每个人都期待能创造一种充满意义的生活。很自然地，我们希望能在工作中关心别人也被别人关心；我们愿意相信自己对公司的价值和主管一样重要；我们想做有意义的工作；并期望同事和老板都有着相同的热忱。

这的确是事实，因为我们生命中的大部分都花在工作上。在 1973 年的美国，每周的工作时间缩减到 40 小时左右，后来又增加到将近 46 小时。每周的休息时间减少了，这也就是说工作时间增加了，这会改变人们的生活方式。这些因素促使价值规范显得越发必要。价值规范指的是相信自己有不可磨灭的自我价值，也相信他人潜在的及根本的价值。对于我们这些到 21 世纪仍须工作的人来说，价值规范尤其重要。相信价值规范者在经过思考且符合兴趣之下，才会遵从指示。工作时，他们承担责任并全力以赴。有价值伦理观念的管理人员会用心协助员工成长，充分发挥其技巧与才能，以获取经自己努力后该得的回馈，并促使有价值的产品和服务大量出现。

价值规范带给企业的好处与给员工的是一样多的。在工作中，当人们发觉自己的价值受到肯定时，工作热情和工作能力会大大提高。这是什么原因呢？联合快递公司的资深副总裁詹姆斯·博金兹认为其中一个原因是，经理怎样对待员工，员工就怎样对待顾客，他说："当你关心他们，他们就会亲切而有效率地服务客人，一旦如此，公司盈利将大幅提升。"仅仅15年内，联合快递已经成长为一家拥有40亿美元资产的公司，而且在《全美100家最佳企业排行榜》中名列前茅。

老板可凭借授权、回馈和赞美来创造员工的向心力，但是大多数老板并

没做到。许多公司允许雇员与上司之间有公开的沟通以及不同的意见，但实际上他们并不鼓励这样做。

少数具有前瞻性的经理会运用这个新渠道来领导员工，他们了解公司里人人都想又有能力又有权力，因此他们就训练员工发挥最大的潜能，为各层次的职责提供挑战，并且以充满弹性和关怀的制度进行管理，促使员工能在工作中有重大的个人贡献。加州戴文波特镇 Odwalla 果汁公司的两位创办人葛雷·史德登波和杰瑞·裴西推出了“符合人性的果汁”这个经营理念，将公司从 4 人扩增到75人，从以手工挤取新鲜果汁卖给当地几家餐馆，到每年销售量达数百万瓶。史德登波说他们是希望“以关怀顾客和员工为主的人本精神来经营 Odwalla”。

那么，你又如何以个人单薄的力量使老板开始关注你呢？经理们长久以来形成一种思维习惯，认为不该与员工太接近，也没必要设身处地去体会他们的感受。除非不得已，否则他们大多不想听员工倾诉委屈或个人抱负。如果你的上司是个拼命三郎，是个工作狂，那你也别指望他或她改变原有的态度，对你表现得更亲切一些。

只有当一个人愿意先改变自己的想法，他的行为才可能彻底转变。罗斯福总统夫人艾莉诺曾明智地指出：“没有你的同意，谁都无法使你自卑。”因此想改变老板和同事对你的方式，就要先改变自己的态度才行。先从说实话、分享意见、把好主意讲出来，或理清自己生活中事情的优先顺序等方面着手来改变态度。

价值规范是建立在自尊自重的基础上，并由你自己的成就和自信来滋润的。一旦你拥有它，就会惊喜地发现老板频频赞美你的工作表现，而且也给你更多机会来施展你的才华。为何如此，理由有二：

1. 你的自我价值观愈强，听见并接受他人赞美的能力也随之大增。

2. 当你因成就愈大而愈感到满足时，别人便会开始好奇你的转变，他们会问："你是怎么回事？"你可以说："是价值规范改变了我！"

作为一个员工，一定要了解公司的使命是什么，自己的使命是什么？这样，工作起来才有真正的动力。当我们为使命，而并非为金钱工作的时候，我们不仅仅能够获得更多的金钱，还能获得更多的成就感。

牢骚满腹说明问题出在你身上

在日常生活中，我们几乎随时都能听到各式各样的抱怨：抱怨薪水太低、付出太多，抱怨考核制度不公平，抱怨领导独断专横，抱怨管理混乱……诸如此类的抱怨，有别人说给自己的，也有自己说给别人的。唯独没有自己抱怨自己的，没有人会去反思：我为什么总是这么多的抱怨呢?

人在遭受挫折与不公正待遇时，往往会采取消极对抗的态度。不满通常引起牢骚，希望获得别人的注意与同情。这虽是一种正常的心理自卫行为，但却是许多老板心中的痛。大多数老板认为，牢骚和抱怨不仅惹是生非，而且容易造成公司内彼此猜疑，影响团队精神。

因此，当你牢骚满腹时，不妨看一看老板定律：第一条，老板永远是对的；第二条，当老板不对时，请参照第一条。

一个受过良好教育、才华横溢的年轻人，长期在公司得不到提升。他缺乏独立创业的勇气，也不愿意自我反省，于是养成了一种嘲弄、吹毛求疵、抱怨和批评的恶习。他根本无法独立地做任何事，只有在被迫和监督的情况下才能工作。在他看来，敬业是老板剥削员工的手段，忠诚是管理者愚弄下属的工具。他在精神上与公司格格不入，所以无法真正从那里受益，更别提个人的发展了。

对他的劝告是，有所施才有所获。如果决定继续工作，就应该衷心地给予公司老板同情和忠诚，并以此为自豪。如果你无法停止中伤、非难和轻视你的老板和公司，就放弃这个职位，另谋高职。只要你依然是某一机构的一部分，就不要诽谤它，不要伤害它。轻视自己所从事的职业就等于轻视你自己。

无论谁做任何事情，都会受到批评、中伤和误解。从某种意义上说，批评是对那些伟大杰出的人物的一种考验。杰出无须证明，证明自己杰出的最有力证据就是能够容忍谩骂而不去理会他人。林肯做到了，他知道每一个生命都必定有其存在的理由。他让那些轻视他的人意识到，自己种下分歧的种子，必会自食其果。

如果你是一名大学生，应该充分利用好学校的资源，衷心地理解学校和老师，并且引以为豪。与老师站在一起——有所施才有所获，他们尽职尽责给学生以教诲，如果说学校还存在着诸多不完美的地方，那么每天努力愉快地去学习，就会使它变得更好。

同样地，如果你任职的公司陷入困境，而老板是一个守财奴的话，你最好走到老板面前，自信地、心平气和地对他说：“你太吝啬了。”指出他的方法是不合理的、荒谬的，然后告诉他应该如何改革，你甚至可以自告奋勇去帮助公司清除那些不为人知的弊端。

尝试着这样去做，但如果由于某种原因你无法做到，那么请作出以下选择：坚持还是放弃。你只能两者择其一——你必须选择。

每个地方你都能发现许多失业者，与他们交谈时，你会发现他们充满了抱怨、痛苦和诽谤。这就是问题所在——吹毛求疵的性格使他们摇摆不定，也使自己发展的道路越走越窄。他们与公司格格不入，变得不再有用，只好被迫离开。每个雇主总是不断地在寻找能够助他一臂之力的人，当然他也在考察那些不起作用的人，任何成为发展障碍的人都会被清理掉。

如果你对其他雇员说自己的老板是个吝啬鬼，那么表明你也是；如果你对他们说公司的制度不健全，最明显的表现就是你。那些只顾把时间花在说人长短、毁谤他人的人，是不可能成功的。人的时间、精力和金钱都是有限的，你必须谨慎地选择开销的方式。如果你决定以贬低别人来提高自己，你会发现自己将大部分时间和精力花费在这些无聊的是非上，可用的时间就会所剩无几。如果你爱散布恶意伤人的所谓内幕消息，就会丧失他人对你的信任。有句话说得好：“向我们论人是非的，也会向人论我们的是非！”

放弃抱怨，才能使自己更多的聪明才智投放到事业发展上，才能使自己的内心更安宁平和，使自己的人生道路更加平坦。

第八章
我们应该向罗文学习什么——自信

“一个人想成为什么样子，他就能成为什么样子，如果你认为自己不能把某件事做好，那么，你就可能真的做不好，因为你无法以积极的心态为之奋斗”

工作与行动
可以消除恐惧

如果有坚定的自信，即使平凡的人，也能做出惊人的事业来。缺乏自信的人即使有良好的天赋、出众的才干、高尚的品格，也很难成就伟大的事业。

现实中，我们不难发现，那些生活得最快乐、最能适应环境的人，就是相信自己通过工作能够控制和改善生活的人。他们似乎能够对任何事情都有合适的反应，并且很容易地面对不可改变的事实。他们从过去的错误中吸取教训，而不是重演这些失败，他们着眼于现在，而不是浪费宝贵的时间去担心将会发生什么倒霉事。

有一些人特别相信运气、命运、不祥之物、错误的时间与地点、星相、星座，而且口头上经常提这么一句话：“你不能对抗大势力。”言外之意就是你的一切都是命中注定，不可改变的。他们很容易向怀疑与恐惧让步，结果就产生巨大的情绪，影响工作，影响健康，痛苦万分。他们认为自己是目前这个社会制度的受害者，能否成功完全靠运气，就如同掷骰子。

恐惧主要表现在三方面：恐惧遭到拒绝、恐惧改变以及恐惧成功。

要想自立，就需要用知识和行动来代替恐惧。密西西比大学的一份研究报告指出，在我们的恐惧中，60% 完全没有正当理由；20% 早已成为过去，完全不是我们所能控制的；另有 10% 是琐碎的小事，完全起不了任何作用。剩下的 10% 的恐惧中，只有 4%—5% 是真正而且有正当理由的恐惧。这些恐惧中，一半是我们完全束手无策，剩下的那一半，也就是大约 2% 是我们可以轻易解决的。当然，我们必须不再犹豫，立即采取对策。恐惧多半是心理作用，但是它确实存在。

当你感到恐惧的时候，朋友们常会好心地安慰你说：“不要担心，那只是你的幻想，没有什么可怕的。”但是你我都知道这种治疗恐惧的药方根本起不了作用。这种安慰可能会暂时解除你的恐惧，但并不能真正地帮你建立信心，治疗恐惧。“那只是你的幻想”的老式疗法是假定恐惧根本不存在。然而，恐惧并不是幻想，而是真实的。在我们克服它以前，先要承认它的存在。

恐惧是成功的第一号敌人。恐惧会阻止人利用机会；恐惧会消耗人的精力、破坏人的身体器官的功能，使人生病，缩短寿命；恐惧会在你想要说话的时候封住你的嘴巴。

恐惧使人游移不定、缺乏信心，恐惧确实是一股强大的力量，它会用各种方式阻止人们从生命中获得他们想要的事物。

恐惧多半是心理作用，烦恼、紧张、困窘、恐慌都是起源于消极的想象。但是仅知恐惧的病因并不能根除恐惧。正如医生发现你身体的某部分受感染，不会就此了之，而是进一步去治疗。有效的治疗必须对症下药。

首先，你要有一个这样的认识：信心不是天生就有的，经过后天训练完全可以建立。你所认识的那些能克服忧虑、无论何时何地都泰然自若、充满信心的人，全都是磨炼出来的。

二次世界大战期间，美国海军要求所有新兵一定要会游泳。这些年轻健康的新兵被只有几英尺深的水吓得裹足不前。有一项训练是从一块离地 6 英尺高的木板跳进（不是潜进）8 英尺或更深的水中，同时有几位游泳高手站在旁边监督。那种景象挺可怜的。他们表现出来的恐惧是真实的，但是他们唯一能做的，也是唯一能吓退恐惧的方法，就是纵身一跳。好几个人不小心被推了下去，结果就不再害怕了。

这是许多海军士兵所熟悉的经历，它告诉我们：行动可以治愈恐惧，犹豫、拖延则助长恐惧。

请你记住这句话：行动可以治疗恐惧。

行动确实可以治疗恐惧。曾经有一位 40 岁出头的经理人员来见哈伯德。他负责一个大规模的零售部门。他很苦恼地解释说："我怕会失去工作了，我有预感我离开这家公司的日子不远了。""为什么呢？""因为统计资料对我不利。我这个部门的销售业绩比去年降低了 7%，这实在糟糕，特别是全公司的总销售额增加了 6%。最近，商品部经理把我叫去，责备我跟不上公司的进度。我从未有过这样的光景。"他继续说，"我已经丧失掌握的能力，我的助理也感觉出来了。其他的主管也觉察到我正在走下坡路。我好像一个快淹死的人，旁边站着一群旁观者等着我没顶。我猜我是无能为力了，但是我仍希望会有转机。"

哈伯德反问他："只是希望就够了吗？"停了一下，没等他回答就接着问："为什么不采取行动来支持你的希望呢？"

"请继续说下去。"他说。

"有两种行动似乎可行。第一，今天下午就想办法将那些销售数字提高，这是必须采取的措施。你的营业额下降一定有原因，把原因找出来。你可能需要一次廉价的大清仓，以便买进一些新颖的货品，或者重新布置柜台的陈列；你的销售员可能也需要更多的热忱。我并不能准确指出提高营业额的方法，但是方法总会有的。最好能私下与你的商品部经理商谈一下，也许他正打算把你开除，但假如你告诉他你的构想，并征求他的意见，他一定会再给你一些时间，给你一个机会。只要他们知道你能找出解决的办法，是不会做赔本的事情的。”

哈伯德继续说：“还应该使你的助理打起精神，你自己也不能再像一个快淹死的人，要让你周围的人都知道你还活得好好的。”

这时，他的眼神里又露出勇气。然后他问道：“刚才你说有两项行动，第二项是什么呢？”

“第二项行动是为了保险起见，去留意更好的工作机会。我并不认为在你采取积极的改进措施、提高销售额后，工作还会保不住。但是骑驴找马，总比失业了再找工作容易得多。”

几个月后，这位一度遭受挫折的经理打电话给哈伯德：“自从我们上次谈过以后，我就努力去改进。最重要的步骤就是改变我的推销员。我以前都是一周开一次会，现在是每天早上开。我真的使推销员们又充满了干劲，大概是看我有心努力改革，他们也愿意更努力。成果当然也出现了，我们上周的周营业额比去年的高得多，而且比所有部门的平均业绩也好得多。顺便提一下，还有个好消息，在我们谈过以后，我就得到两个工作机会。当然我很高兴但我都回绝了，因为这里的一切又变得十分美好。”

克服恐惧的方法是当我们遇到棘手问题时，要积极采取行动，否则不会有转机。

希望是个开端，但要靠行动才能取得胜利。希望获得胜利的人，要应用“行动可以治疗恐惧”的原则。

假如你遇到恐惧时，哈伯德为我们提供了有益的建议，就是不论轻重，要先镇定，然后再寻找“我该采取什么行动才能克服恐惧？”的答案。

下面两个步骤可以帮助你克服恐惧、建立信心：

1. 隔离恐惧，防止它再扩大，还要搞清楚你到底在怕什么。

2. 采取行动，每一种恐惧都有一套方法可以对付。

并且要记住：犹豫只会扩大恐惧，所以要果断、立刻采取行动。

下面所列的是一些常见的恐惧，以及可能的医治行动。

1. 为仪表感到害羞——改进它。到理发厅或美容院去，擦亮皮鞋，洗净衣服。整齐清爽却并不一定需要新衣服。

2. 怕失去一位重要的客户——加倍努力提供更好的服务。改进任何会使客户对你丧失信心的缺点。

3. 怕考试不及格——把烦恼的时间用来学习。

4. 怕事情完全超出预料——将注意力转移到全然不同的事上，例如到后院拔草，跟孩子一起玩，去看场电影等。

5. 怕别人会怎么想、怎么说——确信你计划要做的事是正确的就去做。任何人做任何有价值的事，都会有人批评的。

6. 害怕一些无法控制的事——将注意力转移。

7. 不敢投资事业或买房子——分析各种原因，然后下决心，并且要坚持到底。要相信你自己的判断。

8. 对人感到恐惧——要给他们适当的评价。要记住：其他人只是跟你很相像的另一个人。

上帝给予我们巨大的力量，鼓励我们去开创伟大的事业。而这种力量潜伏在我们的脑海深层，使每个人都具有宏韬伟略。如果我们不对自己的人生负责，在最关键、最可能成功的时候不把自己的本领尽量施展出来，那么对于世界也是一种损失。世界在不断变化，抛弃恐惧和焦虑，去创造吧。

在工作中寻找乐趣

很显然，环境本身并不能使我们快乐或不快乐，我们对周遭环境的反应才能决定我们的感觉。工作就是工作，它永远不可能像休闲度假一样充满了新奇和喜悦，关键是你如何在其中寻找并创造乐趣。

人们在从事自己所喜爱的事情时，总是感到有一种莫名的兴奋感和满足感。没有人有古罗马皇帝图密善这样的嗜好，他嗜好捕捉苍蝇。马其顿国王特别喜爱制作灯笼，法国皇帝喜欢制锁，这算得上是令人尊敬的爱好了。即使有一些压力的那种日常的机械地重复的工作或职业，对于一个人来说也是一种宽慰和快乐。工作之余的一点间歇，劳动之余的一点点消遣或休息，都与工作、劳动和职业相映成趣。幸福和快乐往往在于劳动过程之中而不在于结果。

最好的兴趣爱好当然是求知欲。那些精力充沛、智力发达的人们在完成日常工作之余，可以从事自己爱好的事业，有的人钻研科学，有的人钻研艺术，有些人主要从事文学创作。有这种高雅的业余爱好的人是高尚和幸福的。当然，任何事物都要讲究一个度。对知识的追求和爱好也不能任其自由发展，如果纵之过度，就会使人精疲力竭、精神萎靡不振，分外之事不能做到专业，分内之事又干不好，这就是本末倒置了。

我们可以看到许多伟大人物把善于思考和实干这两方面统一得很好的例子。英国物理学家、数学家和天文学家牛顿就是一位十分杰出的铸币局的局长。英国著名天文学家赫歇耳担任同一职务，也干得十分出色。洪堡兄弟俩无论在文学、哲学、语言学、文献学、采矿业还是外交、治国等方面都干得十分出色。

著名历史学家尼布尔也是一位成功的实业家。丹麦政府曾派遣他出任驻非洲领事馆秘书兼会计，尼布尔果然不负众望，工作相当认真、负责。在职期间，他的成绩斐然。后来，他被推举为丹麦政府金融管理委员会委员，不久他辞去这一职务，出任一家驻柏林银行的联合经理职务。在繁忙的政务、公务、家务活动之余，他还挤出时间研究罗马历史，并先后掌握了阿拉伯语、俄罗斯语和其他斯拉夫语言。他所著的三卷本《罗马史》在史学界一直享有盛誉，后人也往往认为尼布尔只是一位纯粹的历史学家，殊不知研究历史只是他的业余爱好而已。

著名的成功学专家拿破仑·希尔很重视“快乐的成功法则”。他曾讲过这样的故事：

不久以前，在我们开设的“快乐成功之道”的课堂上，谈到把热情带进工作里的原则，有一个坐在教室后面的年轻小姐站起来说：

“我是跟我先生一块儿来的。你说的那些对一个有工作的男人也许不错，对于家庭主妇却没有用。男人每天都会遇到新奇有趣的挑战，家庭主妇就不同了。家务事的问题是……太单调了。”

这对我们来说也是一个挑战，许多人的工作都很“单调”，如果我们有办法帮助这位年轻小姐，就也可以帮助别的自认为工作是例行公事的人。于是我们问她，是什么使她的家务事这么单调。她说刚刚才把床单铺好，马上又搞脏了；刚刚才把碗盘洗好，立刻又用脏了；刚刚才把地板擦干净，马上又有人踩脏了。“做这些琐事的目的，只是再搞乱而已。”她说。

“看起来还真是令人泄气呢？”老师也很同意，“那么，有没有喜欢做家务事的女性呢？”

“呃，大概有吧。”她说。

“她们发现什么乐趣，才这么兴致勃勃呢？”

这位小姐想了一会儿才说，“也许是她们的态度吧。她们并不觉得自己的工作很呆板，她们好像看得出例行公事以外的东西。”

这就是问题的关键了。获得工作乐趣的秘诀之一就是“看到例行公事以外的东西”。人人都知道自己的工作是“朝一个目标而去”。因此，无论你是家庭主妇或档案管理员，是加油站的服务员或公司的大老板，情形都一样。只有把例行琐事看成通往目标的踏脚石时，才能在工作中获得满足。

因此，我们给这位小姐的回答是，找一个她真正喜欢的目标，并想办法使所有的家务事都能帮她达到这个目标。于是她又谈到她总想和全家人去环球旅行。

“好啊，”老师说，“我们就来想办法吧。现在你先订一个限期，你想要什么时候动身呢？”

“等宝宝 12 岁时，”她说，“还要再过 6 年。”

“好，这可需要好好准备。你需要有钱，你要有个旅游计划，研究研究你想去的国家。你能不能想个办法使铺床、洗碗、刷地、煮饭变成走向目标的踏脚石呢？”

几个月以后，故事中的女主角回来看我们。她走进来的一刹那，我们立刻感觉出这是一个自信又自豪的女士。

“太不可思议了，”她告诉我们，“这个踏脚石的办法太好了！我还找不出哪一件琐事不能适用的，我把大扫除的时间拿来思考和计划；买东西时更是扩展眼界的好机会，我尽量买些外国食品，那些我们在旅途上要吃的食物。我还利用吃饭时间上课。比方我们要吃中国面，我就阅读中国风土人情的资料，然后吃晚饭时讲给全家人听。”

“现在我做家务事再也不像以前感觉那么单调，以后也不会，这真是要感谢‘踏脚石理论’。”

不论工作有多单调、多累人，如果在它的尽头看到自己的目标，不管什么工作都能带给你满足。

不过，有时候某个工作也许需要付出极大的代价才能达成目标，假使你的工作正是如此，倒不如换一个。因为对工作的厌倦会渗透到生活中的每一个角落。

话又说回来，假使这个工作值得你去努力，而你仍闷闷不乐，就要想办法“化不满为灵感了”。

查尔斯·贝克是“富兰克林人寿保险公司”的总经理，他说：“我倒鼓励你不满意，不是不快乐的不满意，而是那种‘神圣的不满’。这种不满造成了整个世界真正的进步和改革。我希望你永远不满意，希望你经常有一种强烈的欲望，不仅把自己改善得更完美，而且要改善四周的环境，使它更理想。”

“化不满为灵感”可以激发你成功。爱因斯坦不满意，因为牛顿的定律不能解答他的问题，因此他不断研究自然和科学，终于建立相对论。由于这个理论，这个世界才发展出原子分裂的方法，了解能量和物质相互转变的秘密，进而征服太空以及完成各式各样惊人的事情。

当然，并非人人都是爱因斯坦，我们化不满为灵感的结果也不见得都能改变这个世界，但却能改变我们自己的世界，使我们朝着自己的目标努力。柯莱仁·兰哲就不满意自己的工作，我们先谈谈他的遭遇吧。

柯莱仁多年来都是俄亥俄州康通地方的巴士司机。他有一天早上醒来后，觉得自己很不喜欢这个工作，它太单调了。他简直对工作厌烦死了，他已经不满到极点。

柯莱仁上过“快乐成功之道”的课，学会只要自己想快乐，做什么都会快乐，只需采取正确的态度即可。于是柯莱仁决定从理智的观点来观察自己的处境，看看应该怎么办。“我要怎样才能高高兴兴地做这个工作呢？”他问自己。然后他真的想出一个好答案。他认为使别人快乐，那么自己也会快乐。他可以使许多人快乐，因为他每天在车上都会遇到许多人。他向来很和气，因此他想：“我要发挥这种特质，使每一个坐车的人，一天比一天快活。”

柯莱仁的想法很好——乘客都这么认为。他们很喜欢他的殷勤和欢欢喜喜的态度。由于他的亲切和体贴，乘客都比从前更快乐，柯莱仁自己也一样。可是他的主管的看法正好相反。他把柯莱仁叫到办公室里，警告他立刻停止这种殷勤。柯莱仁并不理会，使别人快乐，他也很快活。对他和乘客来说，他做得很成功。柯莱仁却被开除了。

柯莱仁因此遇到了问题。他认为应该请教拿破仑·希尔，看看自己的问题如何解决，他们约好第二天下午见面。“我上过‘快乐成功之道’的课，我一定是走错路了。”接着，他便把自己的遭遇告诉希尔，“现在应该怎么办呢？”他问。希尔笑了起来，“我们来看看你的问题吧。”他说，“你不满意以前的工作情形，但是你却做对了。你发挥了自己最宝贵的特点，友善而殷勤的个性，把工作做得更好，使自己和别人从这个工作中都获得更多的满足。问题的根源在于你的主管目光太短浅，看不出你做的事情的价值。不过这样可好极了。为什么？因为你现在可以运用自己的个性去计划更大的目标。”

希尔又指点柯莱仁，如果他运用自己优异的能力和友善的个性去当推销员，结果一定会比当司机好得多。于是柯莱仁向“纽约人寿保险公司”申请工作，当起了推销员。柯莱仁拜访的第一个客户是巴士公司的总经理，他把个性上的优点发挥得淋漓尽致，离开办公室时，居然获得一张 10 万元的投保单。

拿破仑最后一次见到柯莱仁时，他已经成为“纽约人寿”成绩最好的人之一。

如果你的工作或活动不能得心应手，并且受到内心的排斥，人家就会说你是“圆孔里的方钉”。在这种不愉快的情况下，不妨改变自己的工作，重新投入自己喜欢的环境里。

也许换一个工作并不那么容易，那么你就应该多做调整来配合自己的个性和能力，使自己快乐。

如果你能培养强烈的欲望来这样做，便可以用新看法和习惯改变原有的。只要有充分的动机，你也可以“把方钉变圆”。不过在改变自己的看法和习惯以前，要先做好面对心理和道德冲突的准备。只要愿意付出代价，一定可以获胜。也许你觉得支付每一期的分期付款很吃力——尤其是前几期。一旦付清了所有的款项，新的个性就会发挥控制力量，旧有的习性自然溜走。这样你就会快乐起来，因为你做的正是天生顺手的事。

学会在工作中找乐，即使在苦中亦能获得乐趣，那将是你人生成功的一大秘诀。心中充满快乐时，自然感到身边的工作会有趣，终日乐此不疲，会永远的快乐。

不要为打翻的牛奶哭泣

只有卸下身上的包袱，才会更好地开始新的生活，但这个问题却往往被我们所忽略。大多数人总是习惯把过去的事情，无论成功或喜悦，无论失败或烦恼，放在大脑里不忍抛弃，结果使身心负载过重，浪费了精力，影响了事业持续、快速、健康地发展。

成功学大师戴尔·卡耐基曾经讲过这样一件事：“一天早上，我们和平常一样走进科学实验室。我们的老师——保罗·布兰德温博士在那里。我们发现，保罗·布兰德温教授的桌上放着一瓶牛奶。我们都坐下了，开始看着那杯牛奶。我们都想不通，这和科学实验课有什么关系。突然，保罗·布兰德温教授一把将瓶子掀翻，牛奶洒落在水槽中，只听见他大声喊道：‘不要为打翻的牛奶而哭泣。’接着，他让我们站在水槽边，说：‘你们好好看看，’

保罗·布兰德温教授告诉我们，‘因为我想让你们记住这人生的一堂课。牛奶已经漏光了，你们可以看到，牛奶已经进了排水道。要永远记住：不管你如何担心，如何抱怨，也不可能将它捞回来。如果你们能预先动点脑筋，加以防范，那么牛奶就不会被打翻，但现在已经太迟了。我们唯一能做的，只是忘掉它，然后考虑下一件事。’”

有些读者也许会想，花这么大力气来讲那么一句老话——“不要为打翻的牛奶而哭泣”，未免有点无聊。也许你已经听过上千遍了。可是，不可否认，这句话中包含了多少年来所积聚的智慧，这是人类经验的结晶，是世世代代传下来的。如果你能读遍各个时代很多伟大学者所写的有关忧虑的书，你也不会看到比“船到桥头自然直”和“不要为打翻的牛奶而哭泣”更基本、更有用的老生常谈了。

也可以说，你可以设法改变3分钟以前所发生事情产生的后果，但不可能改变1分钟之前发生的事情，唯一能使过去发生的事变得有价值的办法是，以平静的态度分析当时所犯的错误，从错误中得到刻骨铭心的教训——然后再把错误忘掉。

做到这一点，需要勇气和开动脑筋。

著名的棒球手康尼·马克谈过他对于输球的烦恼问题:“过去我常常这样。为输球而烦恼不已。现在我已经不干这种傻事了。既然已经成为过去，何必沉浸在痛苦的深渊里呢？流入河中的水，是不能取回来的。”

不错，流入河中的水是不能取回的，打翻的牛奶也不能重新收集起来。但是你可以消除你心头的不快，消除导致胃癌的因素。

一位前重量级拳王谈到失败时说：“比赛的时候，我忽然感到自己似乎老了许多。打到第十回合，我的面部肿了起来，浑身伤痕累累，两只眼睛疼得几乎睁不开，我只是没有倒下罢了。我模糊地看见裁判员高举起对方的右手，宣布他获得比赛的胜利。我不再是拳王了。我伤心地穿过人群走向更衣室，有人想和我握手，另一些人则含着眼泪，失望地凝视着我。一年以后再度与对手交战，我又败了。要我完完全全不想这件事，实在是太困难，太痛苦了。但我仍对自己说，从今以后，我不必生活在过去，不要为打翻的牛奶哭泣。我一定要勇敢地面对这一现实，承受住打击，决不能让失败打倒我。”

这位前重量级拳王实现了他的诺言。他承认了失败的事实，跳出烦恼的深渊，努力忘掉一切，集中精神筹划未来。他的成就就是经营比赛、宣传和展览。他使自己忙于具有建设性的工作，没有时间为过去烦恼。这使他感到现时的生活比当拳王时的生活还要快乐。他在不知不觉之中实践着莎士比亚的一句名言：“聪明人永远不会坐在那里为他们的损失而哀叹，却情愿去寻找办法来弥补他们的损失。”

所以，不必忧虑和悲伤，不必流眼泪。在这个世界上，人们难免要有失策或愚蠢的行为，那又怎么样呢？谁都会犯错误的，战神拿破仑也有被打败的时候。

人生是一个不断放弃，又不断创造的过程，所以，不要为打翻的牛奶哭泣。只有忘记了过去，你才能重新开始，迎接新生。

自信是生活和工作的最佳处方

自信会给我们的人生增加一片阳光灿烂的天空。在这片天空中，我们可以得到人生更大的价值，有自信的心态，障碍可以化为泥土滋养我们的心田，困难可以化为风雨伴随我们的左右，荆棘可以化为花朵映衬在我们的身边。有了自信，你的生活、工作将会有一个全新的面貌。

一个饱受苦难的孤儿，向一位智者请教如何获得幸福。智者指着一块陋石对他说：“你把它拿到市上去卖，但是，无论谁买，都不要卖。”孤儿按照智者的话去做，开始两天无人问津，第三天有人来询问，第四天，石头已经能卖一个好价钱了。过了几天，智者又对孤儿说：“你把石头拿到石器交易市场上去卖，但还是要记住，无论谁买都不要卖。”前两天还是无人问津，第三天有人围过来问，后来，石头的价钱已经高出了石器的价格。

又过了几天,智者对孤儿说:“你再把石头拿到珠宝市场上去卖。”结果是,石头的价格被抬得跟珠宝一样高了。

如果你认定自己是一块陋石，那么你可能就会像陋石一样得不到人们的承认。如果你坚信自己是一块宝石,那么你可能就会成为一块宝石。也就是说,你自信能够成就什么事业，才有可能获得什么样的成功，反过来说，没有自信你就一定不能成功。

自信能够使人坚强，不向困难低头。一位著名公司的总裁在向他的员工演讲时说到自信对克服困难的神奇作用：“自信能够克服遭遇的困难，只是需要你付出时间，付出精力，这就像一日三餐，你只管坐在餐桌前张开嘴巴，你就会吃饱，不要把困难看得多么可怕，它就是一块面包，或者是一块牛排，只要你自信能够吃掉它，那你就一定会吃掉它。”

自信能够使人坚定地实现目标。有一位保险业务员，每天早上出门工作之前，先在镜子面前，用5分钟时间看着自己，并且对自己说：“你是最好的保险业务员，今天你就要证明这一点，明天也是如此，一直都是如此。”他还叮嘱他的妻子在他出门时要这样告别：“你是最好的业务员，今天你就要证明这一点。”后来，这个业务员凭借优异的销售业绩晋升为业务经理，并把自己这套挖掘自信的方法传授给了公司的每一个业务员，使每一个业务员的心理素质大大提高，每天都坚定地去实现目标。

年轻人在踏入社会之后，不可避免地会遭遇困难和挫折，这正是考验你的自信的时候。如果，面对这些你能够从容不迫，沉着冷静，那么在以后的人生道路上就没有什么可以阻止你的了。但如果你被它们吓倒，就等着失败的结局吧。因为从来没有一个缺乏自信的人能取得成功。如果你感到自己的信心不足，那就一定要加强培养，只有这样才能使你身上的潜能得到释放，并坚定不移地去实现你的目标，最终使你获得成功。

玛丽·科莱利说：“如果我是块泥土，那么我这块泥土，也要预备给勇敢的人来践踏。”如果在表情和言行上时时显露着卑微，任何时候都不信任自己、不尊重自己，那么这种人自然得不到别人的尊重。

保持你工作中的爱心

生活本身不是一个目标，而只是你走向某个目标的过程。目标的实现要靠一步一步地走，如果每一步都有爱的滋润就会变得扎实而有意义。

曾经有个遭遇失业的挫折、一直找不到新工作的年轻人，在公园里徘徊着，心情沮丧到极点，准备要自杀。没想到，正当他有这自杀念头的时候，听到公园的另外一角，传来嘤嘤啜泣的声音。他心里觉得很好奇，心想，反正自己都快要死了，还有什么好怕的呢，就准备去看看到底发生了什么事儿。

原来是一个伤心的女孩坐在那儿哭泣。年轻人仔细一瞧，发现这女孩头发不长，而且样子清纯，应该是个普通的女孩，于是，他松了一口气，决定去问个究竟。反正都快要死了，也没有别的事，就多管一次闲事吧。

原来，那个伤心的女孩因为失恋，对于人生感到失望，所以忍不住哭了出来，还打算要自杀。这个年轻人开始劝这个女孩，他告诉她，事情没有她想的那么糟，况且世界上好男生那么多，你又这么可爱，一定还可以遇到更好的人之类的。结果，那个女孩在年轻人的劝阻之下，渐渐地破涕为笑。

女孩问年轻人说："这位先生，你真是好心，愿意抽出时间这样关心我。"年轻人这才想到，自己当然有时间，因为失业很久了，根本找不到事情做，还想要自杀呢。可是，居然像自己这样没用的人，还可以让一个失意想要自杀的女孩回头。

是不是失去的工作跟失去的爱情一样，失去了，也许还会获得更好的呢？

这个失业的年轻人打消了自杀的念头，决定振作起来，改头换面，重新寻找工作。终于，因为他充满自信与乐观的态度，很快就赢得许多雇主的心，

找到新的工作。

一部叫《巴黎公寓，纽约沙发》的爱情喜剧也许很多人都看过。故事叙述一位纽约的著名心理分析师，因为受不了自己充满病人抱怨声的生活，想出一个“交换公寓”的点子。最后他跟一位住在巴黎，同样受不了自己充满追求者生活的女孩交换了公寓。两个受不了自己生活中过多的干扰而变得冷漠的人，居然因为换了生活的场景，而开始关心起周围的人、狗，还有植物，最后，甚至遇见了以为不可能的爱情。

对于不属于自己的生活，为什么他们会变得热情起来了呢？也许是因为觉得那是想象中的屋主应该有的样子，于是，他们决定要帮另一个人尽到这个义务，可是，他们从没想过如何解决自己生活的困境。于是，通过一种对于陌生人的恻隐之心，他们解决了对方的问题，同时，也让自己的心得到爱的感觉。

付出爱，事实上，也正是得到爱的开始。

每个人都有爱的能力，但并不是每个人都有爱陌生人的能力，而后者才是爱的真谛。从现在开始做起吧！这种时刻不是永恒的，它一旦消失就不再复返。很多人会在对过去的反悔中度过一生。今天，仍有千百万人在重蹈这个覆辙。有人说，如果给爱下一个定义的话，唯一能够概括其全部含义的字就是“生活”。你一旦失去了爱，也就失去了生活。

没有自信
就没有成功

很多有经验的医生会注意到，很多病症是因为挫折、愤怒，或是恐惧、焦虑和无助等情绪引发或加剧的，这些病症轻微的像胃痛、饮食过量、吸烟和饮酒过量，严重的则包括心脏血管病变、慢性免疫系统失调，甚至癌症，而很多癌症病人并不是疾病导致了他们的死亡，而是恐惧加速了他们的死亡。

今天的人们，花在工作上的时间要比其他任何方面都多，而更严重的是，由于每个人的家庭幸福、财富和社会地位往往也取决于事业的成功与否，工作场所就成了造成很多人心理失衡的重要因素。此外，由于社会变革的步伐、经济不稳定因素的增加，工作场所中的怀疑、恐惧、挫折和其他相关的情绪也逐渐增加。

社会上有一些天生的英才，他们在事业上不断地超越自我，创造巅峰，不过这种人毕竟是少数，社会的金字塔越靠近顶端人数越少，而大多数的工作者，都还在金字塔底部追求高薪、权力，努力地加快着自己向塔尖攀登的速度。

如果我们不把建立自信的根源，由外在转移到内心，那么不管你采用什么方法都注定会全盘失败，身体的疾病会增加医疗费支出，让你没办法上班，也没办法赶上工作进度；酗酒和吸毒会影响你的工作表现，损害你的形象；心理的挫折和焦虑会影响创意，而当工作上的压力侵入家庭后，便会导致家庭失和，使情况更为恶化。

在现实中，有很多人在各种各样的压力之下不堪重负，他们对自己的形象缺乏健康的态度，于是开始自我毁灭。而有些人则会主动地寻求帮助，以摆脱不利的境况。

当自信心低落的人面临无法获得任何自我肯定机会的时候，他们就会开始采取一种消极的防卫的态度，他们变得消极、爱批评、报复心强、自私、不关心别人，而且不愿意与别人分享。这种负面的态度和行为，对于同事的生活和工作表现都有很大的影响。当同事内心的紧张状态形成之后，他们也会出现溃疡、高血压、神经紧张和偏头痛的症状。这样的人会给身边的人带来痛苦，自己却没有症状。当他们本身也是主管的时候，员工很害怕把他的行径向上呈报，每个人都晓得“枪打出头鸟”的道理，组织的功效变得毫无意义。亚伯拉罕·林肯曾指出，“窝里斗的家庭无法长存。”工作场所也是一样，每一个工作团体就是一个团队，就好比要在运动比赛中获胜一样，团队精神比什么都重要，嫉妒、竞争、互相轻蔑和公报私仇，都会破坏团队精神，性别和种族歧视以及其他类似的行为，都会严重影响团体的工作表现，会使整个公司陷入困境。

许多人认为自己在公司里受到老板和上司的压榨和奴役，事实上并非如此，真正压榨和奴役他的不是老板和上司，而是他们自己。这些人整天抱怨，说自己像一个奴隶一样被人役使，他的内心就渐渐产生了这种低人一等的心态，真正变成了一个奴隶。

反省自我，敢于正视自己的心灵，不要对自己放松要求。你一定会发现，你的心里隐藏着很多猥琐的思想和欲望，和不加思考就顺从的习惯或者行为，这些东西在你平时的行为中比比皆是。

改正这些缺点，不要再做自己的奴隶，这样就没有人能奴役你了。一旦树立信心，战胜自我，你便能克服所有的逆境，困难也就迎刃而解了。

努力摆脱自私与狭隘的思想，去追求无私和永恒的境界。摆脱自己是受害者的错觉，试着去深入了解自己的内心，你就会进一步认识到，伤害自己的其实就是你本人。

哈伯德先生曾应邀前往一家大公司参加年会，并在会上发表演说。会中有一位老人当场宣布退休，公司董事长首先站起来做一次例行讲话，说一些哈利先生对我们公司多么有价值、有贡献，以及现在他要退休，我们对他多么怀念的话。

庆祝大会结束后，哈利先生好像被人遗忘了一样，他用手背轻轻地触了哈伯德一下，对他说："你能给我 30 分钟的时间吗？我有话要对你说，顺便发泄一下我心中的郁闷。”

哈伯德无法拒绝这样的请求，于是带着他来到自己下榻的旅馆套房，并点了一些饮料和三明治。

“在公司待了那么多年，可谓是劳苦功高，今天晚上光荣退休，真是一个值得纪念的日子。”哈伯德打开话题，然而哈利先生却说道：“今天我并不快乐，我真是不知道该怎么说才好，这是我一生中最悲伤的夜晚。”

“为什么？”哈伯德问道。哈伯德想要使他认为自己很吃惊，其实哈伯德心中并不吃惊。

“今晚我只是坐在那里面对我惨痛的一生而已。我感到自己一事无成，彻底失败了。”

“你准备做些什么？”哈伯德问道，“你现在才 65 岁。”

“还能做什么，我将要搬到老人村里去了，住在那里直到老死为止，我有一笔不少的退休金以及社会保险金，这些钱足够我养老了。”他很痛苦地说，“我希望这样的日子很快就来临。”

哈利先生陷入了沉默，然后他从口袋中取出那天晚上才拿到的退休纪念表，说道：“我想把这件礼物丢掉，我不希望留下这些痛苦的记忆。”

渐渐地，哈利先生放松下来，他继续说道：“今天晚上，当乔治先生（该公司的董事长）站起来致辞时，你可能无法想象我当时是多么悲伤。乔治先生和我一起进入公司，但是他很上进，节节攀升，我却不然。我在公司领到的薪水最高不过 7250 美元，而乔治先生却是我的 10 倍，还不包括种种红利以及其他福利在内。每当我想起这件事，我总是认为乔治先生并不比我聪明多少，他只是不怕吃苦，经得起磨炼，能完全投入工作，而我没有做到这一点。公司内外有很多机会，我都可能获得晋升的，例如我在公司待了 5 年后，有一次公司要我到南方去掌管分公司，但是我自己因为感到无能为力而拒绝了，每次当这种绝好的机会到来时，我总是找一些借口来推托。现在，我退休了，一切都已经过去了，我什么也没有得到，真是往事不堪回首啊。”

哈利的一生一直游移不定，没有任何实际的目标可言。他惧怕真正地面对生活，害怕挺身而出，承担责任，只是推着自己一天一天地往前走。

所以，卡耐基说：“自信是成功的第一秘诀。”一个人，只要把潜藏在身上的自信挖掘出来，时刻保持强烈的自信心，就会获得成功。

第九章

我们应该向罗文学习什么——责任

责任胜于能力，而责任本身就是一种能力。现代社会并不缺少有能力的人，缺少的是既有能力又负责任的人。

把自己的工作看得很重要

以人为本，尊重自己和每一个人，才能意识到工作对个人意味着什么。而实际上，尊重工作就是尊重自己，这是一个最基本的工作态度问题。

一个大家都很熟悉的故事，就是三个砌砖工人的工作态度，这个故事很有意义。

有人问三个工人："你们在做什么？"第一个工人说："砌砖。"第二个工人说："我正在做一件每小时工资9.3美金的工作。"第三个工人说："你问我啊！我可以老实告诉你，我正在建造世界上最大的教堂。"

这个故事虽然没有提到他们后来的际遇，我们可以自己想象一下，最可能的情况是：前两人继续砌砖，因为他们没有远见，不重视自己的工作，不会去追求更大的成就。但那位建造大教堂的工人，一定不会是个工人而已。

也许他已经变成工头或承包商，甚至变成很有名的建筑师，他还会继续往上发展。为什么呢？因为他善于思考，他已经明显地指出他想更上一层楼。

哈伯德曾经跟一家家庭用具工厂的人事主管有过一次长谈。他们谈到如何塑造新的领导人物，他把自己在人事管理方面的经验统统告诉了哈伯德。

“我们公司有将近800个职员。”他说，“我和一位助理每6个月跟每一个员工面谈一次。我们的目的很简单，就是想知道每一个员工的工作情形，然后尽力辅导他。因为我们认为每一个员工都很重要，否则就不会聘用他了。我们在发问时尽量避免吹毛求疵，并鼓励他们多谈。这样做的用意是希望他们对我们有一种诚恳的好印象。每一次面谈结束后，我们就会把他工作上的某些特殊态度填在一份评估调查表上。”

“现在，我已经学到了一些经验，”他继续说，“依据他们对工作的看法，可以分成甲、乙两类。乙类员工谈话的内容不外乎工作保障、公司的退休计划、请假手续、额外休假制度、为改善保险计划应该如何努力以及会不会像去年 3 月那样强迫加班；他们也提到一些对工作不太满意的地方，对同事的不满等。我们可以说，80% 的职员属于这一类型，都把自己的工作看得并不怎么好。然而甲类员工却从不同的角度来谈。他们所考虑的都是未来的事情。他们非常希望知道‘还能做什么才能进步’，希望我们多给他一点机会，此外什么都不要。他们的思想更广泛，会提出改进公司业务的建议。他们都把这种面谈看成一种建设性的面谈，但是乙类员工却认为是一种疲劳轰炸，因而希望很快就打发过去。我们用一种特殊的方法来分析他们的工作态度与工作成绩的关系。员工的升迁、加薪以及特殊情况，都由该员工的直接主管送到我这里。结果获得奖励的几乎都是甲类员工，而那些有问题的员工也都属于乙类。”

“我的工作就是把那些乙类的员工变成甲类。”他说，“这不是件简单的事，因为在员工心中树立‘我的工作很重要’、‘如何才能改进’的观点之前，他永远不会有什么长进。”

态度决定成败，你有什么样的想法往往决定你是否会成功，因为你的思想不知不觉会使你变成所想的那样。如果你认为自己很虚弱、条件不足、会失败、是二流货色等，这些想法就会注定你平庸一辈子。

反过来，如果认为自己很重要，有足够的条件，是第一流的人才，自己的工作也确实很重要，那么你很快就会迈上成功的阶梯。

赢得一切的关键在于能不能积极地思考。别人用以判断你能力的真正基础就是你的行动，你的行动却以你如何思考而定。

如果一个人轻视自己的工作，将它当成低贱的事情，那么他绝不会尊敬这份工作。对自己的工作看不起的人，也不会尊重自己，更不会受到别人的尊重。重视自己的工作，建立自信心，给别人一个良好的印象，这都是你成功必不可少的条件。

专心致志地
做好自己该做的事

美国政治家亨利·克莱有这样的言论："遇到重要的事情，我不知道别人会有什么反应，但我每次都会全身心地投入其中，根本不会去注意身外的世界。那一时刻，时间、环境、周围的人，我都感觉不到他们的存在。"

有天早上，阿瑟碰巧路过一家理发店，便决定进去理理头发。这家店的理发师像大多数理发师一样，是个乐观开朗、极为健谈的人。在他为阿瑟理发时，还兴致勃勃地给阿瑟讲了一大堆毫无意义的趣闻轶事和道听途说的传闻，阿瑟对此并没有任何兴趣。

理发师讲起话来漫无边际，没完没了。好不容易挨到他把最后一句话说完，阿瑟终于长出了一口气，坐在椅子里闭目养神。理发师注意到了阿瑟态度的细微变化，于是放下了手中的剪刀。

“哎，我说，”理发师一屁股坐在椅子上，重重地叹了口气，“我滔滔不绝地为你讲了 20 多分钟故事，你怎么都没有反应呢？”阿瑟听后笑了笑。“我的朋友，”阿瑟说，“我这样做是想让你知道，你的工作是为我理发，而我的任务是坐在这里让你理发。如果我俩都能集中精力，认真履行好自己的职责，那么我们的工作就接近于完美了。”

理发师听了阿瑟的话后，在余下的时间里竟然管住了自己的嘴，再没讲过一句话。阿瑟得以有时间浏览了最新一期的《汽车与驾驶》杂志，并在临走时付给这位理发师一笔数目不菲的小费。

在现实生活中，我们每个人都应该毫无怨言、专心致志地做好自己该做的事，这样一来，许多事情就会变得简单。事情越简单，你从中获益反而越多。

一天当中我们要收到各种各样的信函，有电子邮件，也有手写书信。当我们埋头阅读、认真回复并细细品味这些来信时，同样处于静坐与沉默的状态。不时会有人打断我们的工作，一时扰乱我们的思路，并且需要我们做出反应或与之交流。当他们离开之后，我们再继续刚才的工作，于是又重新坐下来，恢复沉默。

总之，辛勤工作要求一个人要在工作中真正做到心无旁骛、全神贯注。全力以赴于自己的人生目标，这样才能成为最受单位欢迎的员工，才会在自己的人生道路上顺利前行。

不要忽视每一件小事

每个踏进职场的人都有这样一种心理，希望能很快做出成绩，受到老板的肯定和同事的认同，也往往急于去做一些重大的事，来证明自己的价值。但事情往往会违背自己的愿望，毕竟作为一个新人，在老板还没有了解你的时候，他是不放心把重要任务交给你去做的。

玛丽凯化妆品公司的创办人兼名誉主席玛丽凯·艾许讲过一个这样的故事。

“每个人都很特殊，我真心这么认为。每个人都希望觉得自己很棒，不过对我来说，让别人有同样的感觉也很重要。每当我遇见别人，我都会假想他身上挂着一块无形的牌子，上面写着：让我觉得很重要！

“我立刻对这个牌子作出回应，结果非常好。

“然而，有一些人只在意自己，不知道别人也想受到重视。我曾经排队等着和一个业务经理握手，终于轮到我的时候，他当我好像不存在一样。我想他一定不记得这件事，他大概永远也不知道他深深地伤害了我。那天我学了很重要的一课，我永远不会忘记：不论你多忙，你都得挪出时间让别人觉得受到重视！

“许多年前我想买一部新车。那个时候两色车刚刚上市，我看上了一部福特的黑白两色车。买不起的东西我从来不会去买，我都是存够了钱直接付现金。我想买那部车作为我的生日礼物。我带着钱包就往福特汽车展厅去了。那个业务员显然没把我当一回事，他看见我开着旧车来，就断定我买不起新上市的车。那位福特业务员一点也不想在我身上浪费时间。如果他让我觉得不受重视，他也办不成什么好事。中午时候，他找借口说有个午餐约会便走了。

我想买车却遭到这样的待遇，后来，我要求见业务经理，他不在，要1点以后才回来。因为我还是想买福特的那部黑白车，便决定等到1点。为了消磨时间，我在附近随便地看着。

“对面是通用汽车经销商的展厅。他们展示了一部黄色车，虽然我很喜欢，不过标价却比我预计的消费要贵。然而他们的业务员彬彬有礼，让我觉得他真的很在意我。当他知道那天是我的生日时，他离开了一下。15分钟后，一位秘书捧来一束玫瑰花，原来是那个业务员专程订给我庆祝生日的。刹那间，我仿佛觉得自己有百万身价！不用说，我买了那辆黄色通用车。

“那位通用业务员之所以能谈成这笔交易，是因为他让我觉得受到重视。他不以貌取人，在他的眼中，我是个重要的人。他看见了那块隐形牌子。我们应该明白上帝在每个人身上都埋着伟大的种子。”

每一件事都值得我们去做，而且应该用心地去做。不要小看自己所做的每一件事，即使是最普通的事，也应该全力以赴，尽职尽责地去完成。小任务顺利完成，有利于你对大任务的成功把握。一步一个脚印地向上攀登，便不会轻易跌落。

尽职尽责的人会更受尊重

一个人不管从事什么职业，都应该尽心尽责，尽自己最大的努力，把工作做好。这不仅仅是职责的需要，也是人生的需要。人如果没有了事业和理想，生命就会失去意义。无论你处境如何，即使在贫穷困苦的环境中，如果能全身心投入到工作中，尽职尽责，忘我工作，最后就会获得成功。那些在人生中取得成就的人，一定在某一特定领域里进行过坚持不懈的努力。

有个真实的故事：一位职位很高的将军到营区视察，车子到了门口，却被守门的士兵挡下来，怎么都不放行。

“我是某某将军，难道你不认识我吗？”

“很抱歉，我的任务是凭证放行，就算您是将军也一样。”

将军因为忘了戴识别证不能进门，但他没有对士兵动怒，反而点头说：“这是士兵的职责，我必须尊重他。”

在这个社会上，不论做什么工作，都要认真。只要认真，做任何事都会被尊重。

类似的故事也发生在某电视公司，该电视公司必须凭证进入。有一次，一位当红明星忘了带证件而被挡在门外，守卫说什么也不让他进门，明星告诉守卫：“我是某某某，难道你不认识我了吗？”

“我当然知道你是谁，可是，你没带证件，就是不能进电视台。”守卫说。

折腾了老半天，这位大明星最后还是靠着台内的人员出来带他进去，否则，他恐怕就得再跑一趟，回家拿证件了。

社会上，有些人职位虽低，却不看轻自己，但也有一些人会因此怨天尤人，成天要老板给他一个高职位、高收人的位子。对自己现任职位都不认真的人，又怎么会得到别人的尊敬。

拿破仑一生都非常敬重认真的人。有一次，他和太太在街道散步，走着走着，街道被正在搬东西的工人挡住了，他的夫人看了马上前去斥责工人，要工人让开，而拿破仑却急忙阻止夫人，他说："即使是最低微的搬运工作，也对人类有很大的贡献，这比那些不认真工作、只爱享乐的人要好得多，我们应该尊重他们才对。"

有很多人不停地抱怨，一会儿说上司不好，一会儿说薪水太低。不过，波恩可不是这样想的。波恩对工作的看法特别独到，他说："天下哪有这么好的事，拿别人的钱来学自己的本事。"他认为，在公司工作其实就是学本领，既可以学习，又可以领薪水，简直是再好不过的事情了。

波恩的第一个工作是在纽约的一家事务所，当时，他做的是收文件的工作，上司看他很认真，索性也将发文件的工作交给他，后来又让他写公文，最繁忙时，波恩一个人竟兼职 7 个工作，他说："这样认真的工作，让我学到很多事情。"正因为如此，遇有升迁机会时，就非他莫属。

无论做什么事，都必须竭尽全力，无私敬业。处处以主动尽职的态度工作，即使从事最平庸的职业也能为个人带来荣耀。

没有任何借口

假如你身在职场，那么最糟糕的事情就是推卸眼前的责任。推卸责任最常用的手段就是寻找各种借口。

事情做不好的时候，我们会听到“抱歉，我不会”、“对不起，我没有足够的时间”、“他太挑剔了”、“这不是我的错”、“是他没有告诉我”等借口；迟到的时候，我们会听到“路上堵车了”、“手表停了”等借口；产品没卖出去有借口；顾客不满意有借口……久而久之，就会形成这样一种局面：每个人都努力寻找借口来掩盖自己的过失，推卸自己本应承担的责任。

因为害怕承担责任，便努力寻找借口，借口让我们暂时逃避了困难和责任，获得了些许心理慰藉。但一味的寻找借口无形中会提高沟通成本，削弱协调作战能力。如果养成了寻找借口的不良习惯，那么，当遇到困难和挫折时，就不会积极地想办法克服，而是去找各种各样的借口。借口的背后也意味着“我不行”和“我不想去努力”。

成大事的人无一例外都是责任感强、敢于承担责任的人。因为他们有强烈的责任感，就不会去寻找借口推卸责任。

曾经有这样一篇文章：

1965年，一个瘦小的男孩来到西雅图一个学校的图书馆，他是被推荐来这里帮忙的。第一天，管理员给他讲了图书的分类法，然后，让他把那些刚归还图书馆，但放错位置的图书放回原处。“像是当侦探吗？”男孩问。“当然！”管理员笑着答。

男孩开始在书架之间穿梭，就像在迷宫里，一会儿，他就找到三本放错位置的书。

第二天，男孩来得很早，而且更加努力。这天快结束的时候，他请求正式担任图书管理员。两个星期过去了，男孩工作的很出色。但他告诉管理员，他的家要搬到另一个街区，他不能来这里了。他担心地说：“我不来了，谁来整理那些站错队的书呢？”

不久，小男孩又回到这个图书馆，告诉管理员，那个学校不让学生做管理员，他妈妈又把他转回这个的学校，由爸爸接送。“我又可以来整理那些站错队的书了。”他还说：“如果爸爸不送我，我就走路来！”

男孩的负责态度，令管理员很感动，他认为，这孩子会作出了不起的事业。只是他没料到，他日后成为信息时代的天才、微软老板比尔·盖茨。

作为一个伟大的成功者，比尔·盖茨从不找借口推卸责任。一次，比尔·盖茨在公司高层会议上说错了一句话，秘书向他指出，他立即承认：“对不起，我错了。”

不找任何借口，对自己的言行负责，这是成大业者必备的素质。

要学会在问题面前、困难面前、错误面前勇于承担起自己的责任，努力寻找解决方案，而不是在发生问题时，四处寻找托词和借口。有这样一句话，“没有卑微的工作，只有卑微的工作态度”。相同的工作，用消极的态度与积极的态度去做，效果会截然不同。既然是必须做的事情，无法推脱，为何不积极去面对呢？与其埋怨工作，不如行动起来将事情处理好！

不论做什么，都应该尽力而为。只要现在能够做到，就不要推迟，哪怕只有1个小时，甚至1分钟。没有任何借口，自动自发，所有的障碍都会变得微不足道。凡是身处要职且卓有成就的人，都具备这种优良特性。

一些人在出现问题时，不是积极、主动地加以解决，而是千方百计地寻找借口，致使工作无绩效，业务荒废。

有一个印刷厂，照例为老客户印刷了一本图书，书印完装订时，才发现出现了重大纰漏，一小部分必须作废，重新印刷。业务员打电话给这家出版社，先是为自己辩解一通，然后告诉对方，重印的费用由出版社承担。他说：“这个责任我个人不能负。”对方很生气，说：“明明是你们出了错，费用就该你们出啊。”协调不成以后，这个出版社再也不和这家印刷厂合作了。失去了一个大客户，印刷厂厂长很气恼，坚决地辞去了这个业务员。

工作中难免会出现一些失误，明智的人主动承担责任，愚蠢的人总是要找各种各样的借口，于是，借口变成了一面挡箭牌，事情一旦办砸了，就要找出一些冠冕堂皇的借口，以取得他人的理解和原谅。找借口表面上能把自己的过失掩盖掉，使自己的心理得到暂时的平衡。但长此以往，人就会疏于努力，不再尽力争取成功，而是把大量的时间和精力放在如何寻找一个合适的借口上。

无论什么时候，都不要寻找任何借口为自己开脱，要努力寻找解决问题的办法，才是最有效的工作原则，也是责任心的最好体现。

打破一切常规

责任感不仅表现在对自己的工作尽职尽责、兢兢业业，还应该体现在不固守现状、勇于开拓、打破常规上。

现实中，我们常常被“非此即彼”的思维模式所束缚。结果，在旧的思维模式的无形框框中，思维的灵活性被扼杀了。

拿破仑在滑铁卢战役失败之后，被终身流放到圣赫勒拿岛。他在岛上过着十分艰苦而无聊的生活。后来，拿破仑的一位密友听说此事，通过秘密方式赠给他一件珍贵的礼物——一副象棋。这是用象牙和软玉制成的国际象棋。拿破仑对这副精制而珍贵的象棋爱不释手，后来就一个人默默地下象棋，以此打发孤独和寂寞的流放生活，直至最终慢慢地死去。

拿破仑死后，那副象棋多次以高价转手拍卖。最后，象棋的所有者在一次偶然的机会中发现，其中一个象棋的底部可以打开，当那人打开后，他惊呆了，里面竟密密麻麻地写着如何从这个岛上逃出的详细计划。随后，便成为世界的一大新闻。拿破仑曾不厌其烦地把玩这副象棋，却没有在玩乐中领悟到朋友的良苦用心。所以，他到死也没有逃出圣赫勒拿岛。这恐怕是拿破仑一生中最大的失败。

拿破仑一生征战南北，纵横欧洲，用许多别人想不到的方法，征服了一个又一个国家，但是，他没有想到最后竟然死在常规思维上。如果，他用征战的方法思考一下象棋，解除寂寞之外的用意，很可能上帝会再一次向他微笑。

常规是我们解决问题的一般性思维，它能凭经验轻车熟路地完成一些工作，解决平常的一些问题，打破常规会使我们面对另一片新天地。

正如一位心理学家说过："只会使用锤子的人，总是把一切问题都看成是钉子。"就好像卓别林主演的《摩登时代》里的主人公一样，由于他的工作是一天到晚拧螺丝帽，所以一切和螺丝帽相像的东西，他都会不由自主地用扳手去拧。

规则尽管非常重要，可是，如果我们想获得创意，那么遵守规则就反而会成为一种枷锁。创造性思维既要求具有建设性，更要求能打破陈规，否则只有死胡同。经常地反思、检查会使我们的思维流动起来，不因规则而僵化。

打破常规意味着变通，变通能够让我们的思维灵活起来，从而可以触类旁通，不局限于某一方面，不受消极思维定势的桎梏，从多方面选择和考虑问题，越过思维定势的障碍。同时，变通又是创造力中求异思维的较高级层次，它使我们的思维沿着不同的方向扩散，表现出极其丰富的多样性，使人产生超常的构思，提出不同凡俗的新思想、新观点。

也许有人会说，打破常规，寻求创新都是在一些大事情上面。其实，这种想法是不完整的，小事上的创新也可以达到很好的效果。

一个百货公司的老板去检查他的一个新售货员，问："你今天服务了多少客户？"

"一个。"小伙子回答。

"只有一个？"老板说，"你的营业额是多少呢？"

售货员回答："58334 美元！"

老板大吃一惊，让他解释一下。

"首先，我卖给他一个鱼钩，然后，卖给他鱼竿和鱼线。接着，我问他在哪儿钓鱼，他说在海滨，于是，我建议他应该有只小汽艇，于是，他买了一条 20 英尺长的快艇。当他说他的轿车可能无法带走快艇时，我又带他到机动车部卖给他一辆福特小卡车……"

老板惊讶地说："你卖了这么多东西给一位只想买一个鱼钩的顾客？"

售货员回答："不，他来只是为了治他妻子的头痛而买一瓶阿司匹林的。我告诉他，夫人的头痛，除了服药外，似乎更应该注意放松。周末快到了，你可以考虑去钓鱼！"

瞧，这个小售货员的思维是多么灵活，如果他按常规去做，只是简单地卖出一瓶阿司匹林，应该说也没错，但他却把身体疾病的治疗，延伸到了精神的调养和对自身的陶冶上，使客户受益，自己和公司也受益。

我们正处在一个前所未有的竞争的时代，一个对自己负责任，对公司负责任的人不会安于现状，而是会主动地打破常规，创新进步。相信下面的故事大家都听过，尽管有各种各样的版本，但我们还是想不厌其烦地讲述一遍。

在一家效益不错的公司里，总经理叮嘱全体员工："谁也不要走进八楼那个没挂门牌的房间。"但他没有解释为什么，员工都牢牢记住了总经理的叮嘱。

一个月后，公司又招聘了一批员工，总经理对新员工又交代了一次上面的叮嘱。

"为什么？"这时有个年轻人小声嘀咕了一句。

"不为什么。"总经理满脸严肃地答道。

回到岗位上，年轻人还在不解地思考总经理的叮嘱，其他人便劝他干好自己的工作，别瞎操心，听总经理的没错，但年轻人却偏要走进那个房间看看。

他轻轻地叩门，没有反应，再轻轻一推，虚掩的门开了，只见里面放着一封事先写好的信封，上面用红笔写着："请把这封信送给总经理。"

年轻人擅自闯禁区，大家都为他担心，劝他赶紧将那封信送回原处，大家为他保密。年轻人不信邪，拿着信直奔总经理办公室。当总经理看到这个年轻人拿着信走进来时，严肃的脸上露出一丝笑容。他当即宣布了一个惊人的消息："从现在起，你被任命为销售部经理。"年轻人不解地问："因为我把这封信给你吗？”

“没错，我已经等了快半年了，我相信你能胜任这个工作。”总经理自信地说。

半年过去了，这个年轻人在自己的岗位上做得有声有色，销售业绩不断上升，他成了总经理心中不可缺少的人物。

从这个故事中，我们还可以认识到，打破常规，不仅要有创新精神还要有冒险精神，要敢于闯禁区，因为那最大最好的果实往往就在那个又险又远的地方，敢为天下先，才可成就大事业。

附：阿尔伯特·哈伯德的商业信条

我相信我自己。

我相信自己销售的商品。

我相信我为之工作的公司。

我相信我的同事和助手们。

我相信美国的商业模式。

我相信生产者、发明者、制造者、发行者，以及所有为工作付出努力的人。

我相信真理是有价值的。

我相信人应该有愉快的心情和健康的身体，而且我意识到，成功的首要任务是创造价值，而不是赚取金钱，回报总会到来的，这只是个过程问题。

我相信阳光、新鲜空气、菠菜、苹果酱、笑声、乳酪、婴儿、丝绸和雪纺绸，我始终记得：英语中最伟大的单词就是“满足”。

我相信我每销售一件产品就会交上一个朋友。

我相信当我和一个人分别的时候，我们都会渴望再次相聚，并且相聚时大家都很愉快。

我相信我辛勤工作的双手，积极思考的大脑和充满关爱的心灵。

阿门，阿门！

附：本书中心人物简介附：本书中心人物简介

阿尔伯特·哈伯德

（ElbertHubbard1856—1915）

阿尔伯特·哈伯德是19世纪末20世纪初著名的哲学家、作家、编辑和演说家。1895年，他在纽约创办了罗伊克罗斯特出版社，在当时，这是一个艺术家和手工艺者的半公开团体。那时候他们生产和销售各种手工艺制品，后来，他又创办了印刷厂和装订厂。他的小杂志《菲士利人》让他的观点得到了延伸，另外，他的《短暂的旅行》也深受人们的喜爱。他以罗文的事迹为题材，用最快的速度挥就了这篇灵感之作《致加西亚的信》，在1899年，得到了人们的广泛阅读和引用。1915年5月7日，在他和妻子乘坐露西塔尼亚号船去英格兰旅行时，在海上遇难身亡。

加西亚

（Garcia 1836—1898）

加西亚是古巴反对西班牙统治的起义领袖。直到1878年底，因为起义活动，他被逮捕并一直被关在监狱里。释放后不久又再次被捕。1895年，他来到美国，作为古巴起义军的领袖，在美西战争中发挥了非常重要的作用。1898年，他在华盛顿去世，当时他正作为委员会的成员和麦金莱总统讨论古巴战事。

安德鲁·萨姆斯·罗文

（Andrew Summers Rowan 1857—1943）

加西亚是古巴反对西班牙统治的起义领袖。直到 1878 年底，因为起义活动，他被逮捕并一直被关在监狱里。释放后不久又再次被捕。1895 年，他来到美国，作为古巴起义军的领袖，在美西战争中发挥了非常重要的作用。1898 年，他在华盛顿去世，当时他正作为委员会的成员和麦金莱总统讨论古巴战事。